Bibliografische Information der Deutschen Nationalbibliothek:

Die Deutsche Bibliothek verzeichnet diese Publikation in der Deutschen Nationalbibliografie; detaillierte bibliografische Daten sind im Internet über http://dnb.d-nb.de/ abrufbar.

Impressum:

Druck und Bindung: Books on Demand GmbH, Norderstedt Germany
ISBN: 9783668729230

Dieses Buch bei GRIN:

https://www.grin.com/document/429242

Julia Thielert

Untersuchung zum Einfluss des Whale-Watching auf das Verhalten der Wale

GRIN Verlag

Bachelorarbeit im Fach Biologie
Studiengang: Umweltsicherung

Untersuchung zum Einfluss des Whale-Watching auf das Verhalten der Wale

Julia Thielert

Abgabedatum: 20.04.2018

INHALTSVERZEICHNIS

1. EINLEITUNG

In den letzten Jahrzehnten haben Naturschutzorganisationen und Unternehmen Whale-Watching als nachhaltige Alternative zum kommerziellen Walfang beworben. Der Wunsch der Gesellschaft mit Walen zu interagieren ist gewachsen (O'CONNOR et al. 2009) und mit diesem wachsenden Interesse kommt auch die Verantwortung sicherzustellen, dass diese neue kommerzielle Nutzung den Populationen nicht schadet, die sie behauptet zu schützen. Der IFAW (International Fund for Animal Welfare) schätzt die jährlichen Einnahmen aus Whale-Watching auf über 2,1 Billionen US-Dollar. Die 13 Millionen Whale-Watcher sorgen für 13.000 Arbeitsplätze (O'-CONNOR et al. 2009: 26). Berechnungen zufolge, könnten weitere 413 Millionen US-Dollar und 5700 Arbeitsplätze hinzukommen, viele in Entwicklungsländern, würde man das volle Potenzial des Whale-Watching nutzen (CISNEROS-MONTEMAYOR et al. 2010: 1). So hat sich Whale-Watching zu einem ernstzunehmenden Industriezweig entwickelt. In vielen Gegenden hat das rapide Wachstum der Whale-Watching Industrie die Entwicklung von Managementplänen überholt und so zu Bedenken in Bezug auf die langfristige Nachhaltigkeit dieser geführt (GARROD & FENNELL 2004). Das Bestreben das Potenzial für Störungen zu reduzieren, hat zur Entwicklung von Richtlinien geführt (IWC 1996), welche von über 100 Ländern und zahlreichen kommerziellen Whale-Watching Anbietern rund um die Erde übernommen wurden. Die Annahme dieser Richtlinien ist oft freiwillig, was ihre Effektivität einschränkt (ALLEN et al. 2007, WILEY et al. 2008). Selbst wenn die Richtlinien verpflichtend sind, ist es schwierig diese durchzusetzen (SCARPACI et al. 2003, KESSLER & HARCOURT 2013). Daraus entstand die Sorge, dass Whale-Watching in all seinen Formen, sei es kommerziell, zufällig (Besichtigungstouren, Sporttauchen, usw.), mit Privatbooten oder anders, möglicherweise langfristig einen negativen Einfluss auf die diesem ausgesetzte Population hat (PARSONS 2012). Aus diesem Bedenken heraus wurde der größte Fokus auf das kommerzielle Whale-Watching gelegt, da es hier einen Wirtschaftszweig des Tourismus repräsentiert und damit die Möglichkeit zum Eingriff und zur Regulation am größten ist.

Es gibt eine Vielzahl an Studien, die die Kurzzeiteffekte im Verhalten der Wale auf Whale-Watching Boote dokumentieren (CORKERON 1995, WILLIAMS et al. 2002, LUSSEAU 2006, RICHTER et al. 2006, STAMATION et al. 2010, STECKENREUTER et al. 2012, LUNDQUIST et al. 2013). Langzeiteffekte, die aus diesen Kurzzeiteffekten entstehen, sind jedoch sehr schwer zu erfassen (MAGALHAES et al. 2002, BEJDER et al. 2006) und stehen in einem komplexen Zusammenspiel aus Art, Schwere und Frequenz der Kurzzeiteffekte (JELINSKI et al. 2002, WILLIAMS et al. 2009a, PIROTTA et al. 2014). In Kapitel 6 dieser Bachelorarbeit wird dargelegt, dass Whale-Watching zu statistisch signifikanten und biologisch bedeutenden Verhaltensänderungen führen kann. Dafür werden Studien vorgestellt und global positive als auch negative Bei-

spiele für einen möglichst nachhaltigen Umgang mit dieser Industrie dargestellt.
Die Whale-Watching Industrie ist sehr groß geworden und verfügt über weiteres Wachstumspotenzial. Daher ist es wichtig, sich die ökologischen Konsequenzen dieser ökonomisch bedeutenden Branche vor Augen zu führen und auf lange Sicht einen nachhaltigen Umgang zu finden.

2. BIOLOGIE DER CETACEA

Wale, Delfine und Kleinwale zählen zur Ordnung Cetacea oder Walartigen. Innerhalb dieser Ordnung existieren bedeutende Unterschiede was die Anatomie und Lebensweise angeht. Diese Anpassungen fanden spezifisch nach den Lebensbedingungen der Tiere statt. So die Tiefe des Meeres, der Mündung, der Küste, des Flusses oder des Sees in dem sie leben und der Ernährung. Wale schöpfen, sieben, schlucken, greifen, saugen oder umzingeln ihre Beute. Manche Wale jagen in sandigen, flachen Gewässern, der Schwertwal (*Orcinus orca*) oder der Große Tümmler (*Tursiops truncatus*) lassen sich manchmal auf den Strand gleiten oder rollen um Beute zu greifen.
Cetacea gehören zu den Artiodactyla oder auch Paarhufern. In dieser Ordnung finden sich alle bekannten 90 Cetacea Arten, 14 davon gehören zur Unterordnung der Mysticeti, den Bartenwalen, die ihre Nahrung durch Barten sieben, welche aus ihrem Oberkiefer wachsen. Die anderen 76 Arten gehören zur Unterordnung der Odontoceti oder Zahnwalen, wozu auch alle Delfine und Kleinwale zählen (HOYT 2017: 45 f.).
Wale halten sich meist in Gruppen auf, die als Schule oder Herde bezeichnet werden. Einige der großen Wale leben alleine, aber finden sich zu Gruppenaktivitäten wie Nahrungssuche, Wanderungen oder Fortpflanzung zusammen. Auch Individuen die allein zu sein scheinen, stehen trotzdem häufig in akustischem Kontakt zu anderen Walen. Blauwale (*Balaenoptera musculus)* benötigen zur Nahrungsaufnahme relativ viel Platz und andere Blauwale wirken nicht offensichtlich beteiligt. Aufnahmen aus der Luft oder mit Hydrophonen zeigen jedoch, dass weitere Blauwale selten mehr als ein paar Kilometer weiter weg sind.
Die großen Bartenwale reisen in Paaren, zu dritt, gelegentlich zu viert und manchmal mit bis zu 10 Individuen. Bei Schwertwalen unterscheidet sich die Gruppengröße je nach Nahrung. Die Schwertwale die sich von anderen Säugetieren ernähren, halten sich in Gruppen von 6 oder weniger Individuen auf. Die fischfressenden Schwertwale hingegen, leben in Gruppen von 15 bis 20 Individuen. Ansammlungen von Gruppen können aus bis zu 100 Tieren oder mehr bestehen.
Im Vergleich dazu, reisen viele der im Meer lebenden Delfinarten wie der Gemeine Delfin (*Delphinus delphis),* in Gruppen mit mehreren tausend Tieren. Manchmal halten sich in diesen Reise- oder Jagdgruppen Delfine unterschiedlicher Arten auf.

Die Grundlage jeder Cetacea Gemeinschaft ist die Bindung zwischen Mutter und Kalb. Kälber werden mit der Fähigkeit zu hören, zu sehen und zu schwimmen geboren. Dennoch sind sie sehr verletzlich und haben keine Erfahrungen in der Lebensweise ihrer Art und Population. Nach der Geburt muss das Kalb innerhalb weniger Minuten atmen. Bei vielen Delfinarten schiebt ein anderes Mitglied der Gruppe das Kalb an die Oberfläche, damit es seinen ersten Atemzug nehmen kann.
Die meisten Wale bleiben ein bis zwei Jahre bei ihrer Mutter und die Mutter fokussiert sich während dieser Zeit darauf, ihr Kalb zu beschützen und ihm alles wichtige für sein Leben beizubringen. Die Kälber der fischfressenden Nordpazifischen Schwertwale, verbringen ihr gesamtes Leben nahe ihrer Mutter. Wenn weibliche Kälber in ein Alter kommen, in welchem sie sich selbst fortpflanzen, formen sie häufig ihre eigene Teilgruppe, bleiben aber trotzdem in der Nähe ihrer Mutter. Männliche Tiere bleiben ihr gesamtes Leben (ca. 30 Jahre) bei ihrer Mutter. Diese Zeit wird nur von kurzen Pausen zur Paarung unterbrochen.
Familiäre Zusammenschlüsse variieren unter Walen sehr stark bzgl. der Enge und Dauer dieser Beziehungen. Die Verbindung kann relativ unabhängig und vorübergehend sein oder permanent. Manche Verbindungen sind so stark, dass sie nur durch den Tod gelöst werden.
Bartenwalmütter verbringen ein bis zwei Jahre mit ihren Kälbern, führen mit ihnen während dieser Zeit auch die jährlichen Wanderungen durch, danach trennen sie sich. In den Nahrungsgebieten schließen manche dieser Wale sich zusammen. Auch Schwertwale gehen in Gruppen auf Nahrungssuche, dies hat für sie erhebliche Vorteile bei der Jagd. Schwertwale halten sich dabei lebenslang in Gruppen auf, mit welchen sie verwandt sind. Fischfressende Schwertwalgruppen haben ein älteres zentrales Weibchen, mit welchem alle anderen Mitglieder der Gruppe in Verbindung zur Mutterschaftslinie stehen. Beim Pottwal bestehen Gruppen nur aus Müttern, ihren Kälbern und Geschwistern. Ältere Männchen aus anderen Gruppen besuchen diese von Weibchen geleiteten Gruppen, um sich zu paaren.
Im Kontrast zu diesen festen Gruppenzusammensetzungen, gibt es auch Gruppen, in welchen sich die Mitglieder regelmäßig ändern. Dennoch haben manche dieser Gruppen ein paar feste Mitglieder, meistens Männchen. So ist es unter anderem beim Großen Tümmler (*Tursiops truncatus*), beim Nördlichen Entenwal (*Hyperoodon ampullatus)* und beim Nördlichen Schwarzwal (*Berardius bairdii*).
Der Gruppenzusammenschluss bietet Vorteile gegenüber Raubfeinden wie Haien (*Selachimorpha*) oder Schwertwalen. Jagen in Gruppen bietet Möglichkeiten wie die Beute einzuengen und Wissen über Futterquellen weiterzugeben. Jede Art verfolgt hier unterschiedliche Strategien (Hoyt 2017: 63 ff.).
Alle Cetacea haben einen stromlinienförmigen Körper, mit Flossen zum Steuern und Schwanzflossen zum Antrieb. Die Höchstgeschwindigkeit beträgt 55 km/h,

gemessen beim Weißflankenschweinswal (*Phocoenoides dalli*), wobei der Gemeine Delfin (*Delphinus delphis*) möglicherweise schneller schwimmen kann. Mit einer Geschwindigkeit von bis zu 37 km/h ist der Finnwal (*Balaenoptera physalus*) der wahrscheinlich schnellste Großwal. Aber selbst die langsamsten Wale schwimmen deutlich schneller als Menschen. Auch ist ihre Ausdauer deutlich höher. Grau- und Buckelwale unternehmen Reisen von 6.400-8.000 km zweimal pro Jahr, zwischen Nahrungsgebieten und den Fortpflanzungsgebieten und einige reisen noch weiter. Von Schwertwalen ist bekannt, dass sie von der Antarktis nach Uruguay und nach Südbrasilien und zurück in 42 Tagen reisen. Dies entspricht einer Strecke von 9.400 km. Die Durchschnittsgeschwindigkeit liegt bei 12 km/h und senkt sich in wärmeren Gewässern auf 5-10 km/h (HOYT 2017: 46).

Das Atmungssystem von Walen kann außergewöhnlichen Druckunterschieden standhalten. Pottwale wurden in 1.200 m Tiefe angetroffen, mit Tauchgängen von bis zu über einer Stunde. 2014 wurden acht Cuvier-Schnabelwale (*Ziphius cavirostris*) mit Sendern ausgestattet und Wissenschaftler von Cascada Research Collective beobachteten neue Tauchrekorde (HOYT 2017: 47). Die Wale erreichten Tiefen von bis zu 2.992 m und blieben dort für bis zu 2 Stunden, 17 Minuten und 30 Sekunden. Der Druck in solchen Tiefen ist etwa 300 mal größer als an der Oberfläche (HOYT 2017: 47).

Tabelle 1 zeigt die wesentlichen Unterschiede zwischen Barten- und Zahnwalen mit ihren sehr unterschiedlichen Verhaltensweisen auf.

Tab. 1: Unterschiede zwischen Bartenwalen und Zahnwalen (nach HOYT 2017: 48).

BARTENWALE (Mysticeti)	ZAHNWALE (Odontoceti)
14 Arten, die größte ist der Blauwal.	76 Arten, die größte ist der Pottwal.
Anatomie	
Barten, 2 Blaslöcher, generell größer als Zahnwale (mit Ausnahme des Pottwals).	Zähne, 1 Blasloch, generell kleiner als Bartenwale.
Ernährung	
Hauptsächlich Krill, Copepoda und andere kleine Wirbellose, kleine Schwarmfische.	Hauptsächlich Fisch und Tintenfisch, manchmal Meeressäuger.
Sound	
Tiefere Töne, Breitband bis Infraschall, Gesänge bei manchen Arten.	Breitband bis Ultraschall Rufe und Echolotung Klicks.
Verhalten	
Viele Arten wandern von kalten Nahrungsgebieten in warme Fortpflanzungsgebiete. Gesellschaften, ausgenommen Mutter und Kalb, sind flüchtig. Sie sind wesentlich weniger sozial als Zahnwale und Gesellschaften sind nie für längere Dauer.	Viele Arten pflanzen sich in denselben Gebieten fort, wo sie auch fressen (nicht der Pottwal). Viele leben in dauerhaften Gruppen mit denselben Individuen, aber die Anzahl und Zusammensetzung variiert je nach Art.

3. WHALE-WATCHING IN ZAHLEN

Von kleinen Anfängen in den 50er Jahren des vorigen Jahrhunderts in Kalifornien, hat sich die Whale-Watching Industrie zu einer Haupttouristenattraktion entwickelt. Und eine die nachweisbar bedeutende sozioökonomische Vorteile für die Veranstaltungsorte auf der ganzen Welt haben kann. Laut HOYT (2001) nahmen 1990 2 Millionen Menschen an Whale-Watching Touren teil. Bis 1999 stieg diese Zahl auf 9 Millionen. Pro Jahr bedeutet das ein Wachstum von ca. 12%. Abbildung 1 zeigt dieses immense Wachstum in den 90er Jahren des vorigen Jahrhunderts. Die Einnahmen welche mit Whale-Watching erzielt wurden, stiegen während dieser Zeit jährlich um 18,6% (HOYT 2001). Diese Zahl ist in Vergleich zu setzen zu einem jährlichen Anstieg aus internationalen Touristeneinnahmen von 7,3% im gleichen Zeitraum und einem weltweiten jährlichen Wirtschaftswachstum von 3,5-4% (HIGHAM et al. 2014). Auch gut erkennbar in Abbildung 1, ist der langsame Anstieg von Whale-Watching Teilnehmern von 1955 bis 1980. Von 1980 bis 1990 fand eine erste größere Wachstumsphase statt, die dann in den massenhaften Anstieg in den 90er Jahren überging.

Es wird unterschieden zwischen kommerzieller Walbeobachtung, bei der Kunden bezahlen um Wale zu sehen, gegenüber derer die Walbeobachtungen privat von ihren eigenen Booten etc. aus vornehmen.

Whale-Watching wurde im Jahr 2000 von 87 Ländern angeboten, mehr als der doppelten Anzahl im Vergleich zu 1991 (HOYT 2001). Bis 2008 stieg diese Zahl auf 119, die Zahl der Whale-Watcher stieg auf etwa 13.000.000 (O'CONNOR et al. 2009). 1999 verzeichneten die USA, Kanada und die Kanarischen Inseln (Spanien) über eine Millionen Teilnehmer. In Australien und Südafrika nahmen eine halbe Millionen Menschen an Whale-Watching Touren teil. Hier sind nur die Touren erfasst, die die Merkmale des kommerziellen Whale-Watching aufweisen (HOYT 2001).

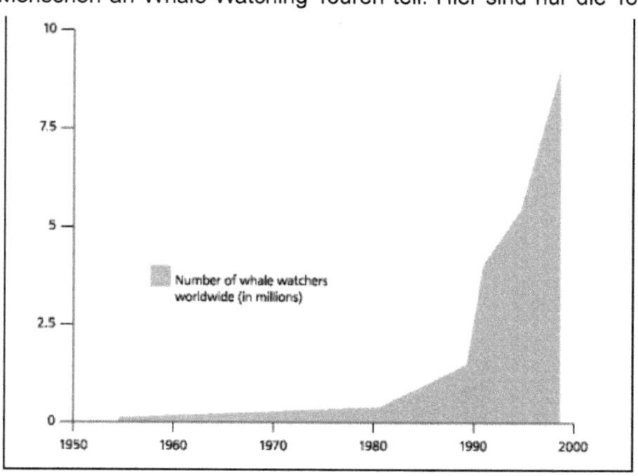

Abb. 1: Wachstum der Whale-Watching Teilnehmer 1955-1998 (HOYT 2001: 19).

HOYT (2000) gibt an, dass Whale-Watching in nahezu 500 Orten weltweit angeboten wird. An weit verteilten Orten wie Kaikoura (Neuseeland), Princetown (USA), Ogata (Japan), San Julian (Argentinien), Monkey Mia (Australien) und Dingle (Irland). Dies kann für die entsprechenden Regionen zu bedeutenden Einnahmen führen.
In Dingle lockt nur ein Delfin 150.000- 200.000 Touristen pro Jahr an. Das Beobachten von Großen Tümmlern in der Shannon Estuary (Irland) steht kurz davor eine Millionen Dollar Industrie zu werden (BERROW 2003: 201).
Der IFAW schätzt die jährlichen Einnahmen aus Whale-Watching auf über 2,1 Billionen US-Dollar. Die 13 Millionen Whale-Watcher sorgen für 13.000 Arbeitsplätze (O'CONNOR et al. 2009). Berechnungen zufolge, könnten weitere 413 Millionen US-Dollar und 5700 Arbeitsplätze hinzukommen, viele in Entwicklungsländern, würde man das volle Potenzial des Whale-Watching nutzen (CISNEROS-MONTEMAYOR et al. 2010).
Auch in den letzten Jahrzehnten verzeichnen viele junge Whale-Watching Länder ein rasantes Wachstum. Auf Platz eins China, mit einem jährlichen Wachstum von 107% pro Jahr seit 1998 (1998: 4.500 Whale-Watcher). Gefolgt von den Malediven (86%, 1998: 30 Whale-Watcher), Kambodscha und Laos (zusammen 79%, Whale-Watching seit 2008: 83.000 Whale-Watcher), St. Lucia (74%, 1998: 65 Whale-Watcher), Madeira (73%, 1998: 250 Whale-Watcher), Venezuela (58%, 2006: 9.757, zuvor minimal), Costa Rica (1998: 1.227) und Nicaragua (Whale-Watching seit 2006: 8.832) (beide 56%) und Panama (53%, 1998 minimale Anzahl an Whale-Watchern, 2006: 17.711) (O'CONNOR et al. 2009).
Mit diesem Wachstum einher geht der Anstieg an Touristen, Anbietern und damit den benötigten Booten. 72% des Whale-Watching findet von Booten aus statt. Darin enthalten sind alle Arten von Booten, vom Kayak bis zu großen Fährschiffen (HOYT 2001: 4).
In New England wurde die Zahl der Boote die sich bei den Walen aufhalten dürfen begrenzt. Mit der steigenden Nachfrage und der zunehmenden Zahl an Touristen wurden auch die genutzten Boote umgestaltet. Toiletten, ein Deck, Sitze und Verkaufsmöglichkeiten führten zu deutlich größeren Schiffen. Diese Schiffe konnten die wachsenden Besucherzahlen aufnehmen, ohne das mehr Boote notwendig waren, jedoch ist auch ihr Einfluss auf die Wale größer. Sie sind lauter und schlechter steuerbar (DUFFUS & DEARDEN 1990).
Auf den Kanarischen Inseln gab es keine Regulatorien wie in New England (USA). In den späten 1980er und frühen 1990er Jahren führte das zu Situationen mit nahezu 100 Booten im Wasser. In den USA und Kanada wurde ähnliches beobachtet, ausgerichtet auf eine einzige Population von Schwertwalen (*Orcinus orca*). Hier gibt es bis heute massenhafte Ansammlungen von Booten und keine Regulation die die die dieses Vorkommen unterbindet (WILLIAMS et al. 2009a).

Der Trend geht außerdem zu immer schnelleren Booten, um Populationen schnell erreichen zu können und auch entlegenere Orte aufsuchen zu können. Diese Boote produzieren aber auch mehr Lärm und führen zu vermehrten Kollisionen mit Walen (IWC 2005). Dies soll Abb. 2 verdeutlichen. 318 Kollisionen konnten keinem Schiffstyp zugeordnet werden und sind daher nicht erfasst. Die zugrundeliegende Datenbank wurde von der International Whaling Commission (IWC) von 1885 bis 2010 geführt (FARRELL & EVERSHED 2014). Auch wenn daraus nicht geschlossen werden kann, dass Whale-Watching zu den meisten Kollisionen führt (durch die hohe Anzahl nicht zuordnungsbarer Schiffstypen), verdeutlicht es doch das Problem dieser Vorkommnisse. Gerade Jungtiere halten sich vermehrt an der Oberfläche auf und werden sie in großer Anzahl von schnellen Booten aufgesucht, erhöht dies das Risiko für Kollisionen.

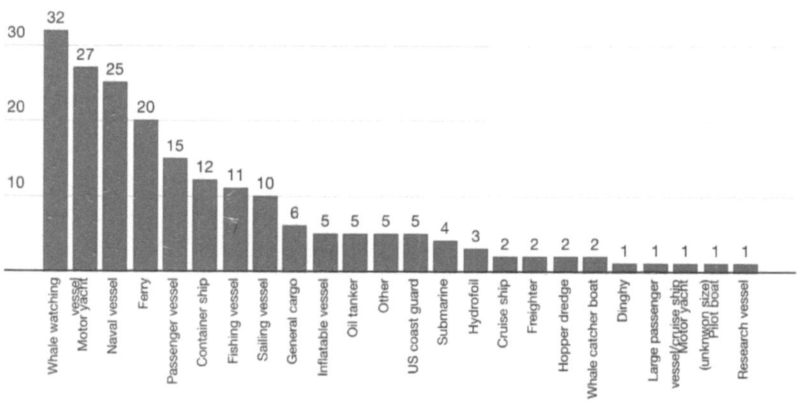

Abb. 2: Von der IWC erfasste Schiffskollisionen mit Walen nach Schifftyp (FARREL & EVERSHED 2014).

4. MANAGEMENT

Um den Einfluss des Tourismus auf Meeressäuger zu reduzieren, wurden Regulationen und Gesetze eingeführt. Dabei wird zwischen ordnungspolitischen (nicht freiwillig und durch gesetzliche Bestimmungen geregelt) und freiwilligen Richtlinien unterschieden. Nach GARROD & FENNELL (2004) sind 1/3 der Richtlinien weltweit ordnungspolitisch und 2/3 freiwillig angelegt. Inhaltlich enthalten fast alle Richtlinien Angaben über die Distanz, bis zu welcher sich den Walen genährt werden darf. Meist liegt diese zwischen 50 und 100 m, manchmal auch weiter. Mehr als 2/3 enthalten keinen Punkt der das Füttern der Tiere behandelt und 3/4 keine Angaben bzgl. des Berührens von Walen (PARSONS et al. 2013: 296).

4.1 Problematik der Regulation

Durch das schnelle Wachstum und wissenschaftliche Lücken, ist es schwer für Regierungen Managementpläne zu entwickeln, die mögliche Einflüsse minimieren (HIGHAM et al. 2008). Das enorme Wachstum des Whale-Watchings geschah meist ohne Kontrollen oder Vorgaben, Richtlinien wurden und werden oft erst geschaffen, wenn Probleme auftreten. Viele Regierungen auf der ganzen Welt haben mittlerweile erkannt, dass Whale-Watching einen Einfluss auf die Wale haben kann und daher reguliert werden sollte. Es gibt bisher wenig einheitliche Lösungsansätze, wie genau diese Regulation ablaufen soll. Wenige Länder haben Gesetze erlassen die Wale schützen, noch weniger welche, die direkt auf Whale-Watching ausgerichtet sind. Dies zeigt sich in den relativ wenigen Kreuzen der Spalte 'Generelle Vorschriften zum Schutz der Wale' in Tabelle 2.

Die Spanne der Regulationen reicht von harten Kontrollen bis zur freiwilligen Verpflichtung der Touristen und Touranbieter sich verantwortungsvoll zu verhalten (GJERDALEN & WILLIAMS 1999). Über rechtliche Grundlagen lässt sich das Wachstum an Whale-Watching Anbietern an einem Ort regulieren, indem man offizielle Zulassungen ausgibt und Verstöße rechtlich verfolgt. Auch diese Ausgabe von Lizenzen wird bisher in wenigen Ländern als Maßnahme genutzt, wie sich in der zweiten Spalte von Tabelle 2 zeigt.

Die richtige Anzahl an Lizenzen auszugeben, ist ein komplexer Vorgang. Die Umstände unter denen die Wale leben sind höchst verschieden und somit auch die Auswirkungen die durch das Whale-Watching entstehen können. Die Bedeutung der Habitate, in denen die Tiere aufgesucht werden, variiert (kritische Habitate).

Tab. 2: Regulationsart nach Zuständigkeit (Eigene Darstellung nach CARLSON 2009).

Zuständigkeit	Ausgabe von Lizenzen	Generelle Vorschriften zum Schutz der Wale	Richtlinien
ACCOBAMS*			x
Antarktis			x
Argentinien	x		x
Australien	x		x
Azoren		x	x
Bahamas			x
Brasilien		x	x
Britische			x
Chile	x		x
Domonica	x		x
Dominikanische Republik			x
Ecuador	x		x
Frankreich			x
Galapagos			x
Guadeloupe			x
Hong Kong			x
Island			x
Indonesien			x
Irland			x
Japan			x
Kanada	x		x
Kanarische Inseln	x		x
Kolumbien			x
Madagaskar			x
Mauritius			x
Mexiko	x		x
Mosambik			x
Neukaledonien		x	x
Neufundland			x
Neuseeland	x		x
Niue	x		x
Norwegen			x
Oman			x
Pazifische Inselregion	x		x
Philippinen			x
Puerto Rico	x		x
Südafrika	x		x
St Lucia		x	x
Tansania			x
Tonga			x
Turks- und			x
United Kingdom		x	x
United States		x	x
Uruguay			x

*Agreement on the Conservation of the Black Sea, Mediterranean Sea and contiguous Atlantic area.

Auch die Anfälligkeit für Störungen unterscheidet sich nach Alter (STALMASTER & NEWMAN 1978, CONSTANTINE 2001, MÜLLNER et al. 2004), Geschlecht (WILLIAMS et al. 2002, LUSSEAU 2003), den bisherigen Lebenserfahrungen des Individuums (BEJDER et al. 2003, 2009) und ob die Tiere trächtig sind oder Kälber haben (NELLEMANN et al. 1999, BEALE & MONAGHAN 2004). Daher muss für jede Population einzeln entschieden werden, wieviel Lizenzen tragbar sind.

In Bezug auf die Form der Gesetzesgebung, fallen gerade die Kontrollen meist unzureichend aus. An vielen Orten ist es durch die Masse an Anbietern die sich mobil auf den riesigen Flächen des Meeres bewegen, schwer und kostenintensiv ausreichende Überprüfungen durchzuführen. Vielerorts herrscht ein komplexes System zur Regulation vor, mit einer Fülle an zuständigen Behörden. In vielen Ländern liegt die Komplexität auch darin, dass es im Bezug auf Whale-Watching an einigen Stellen Überlappungen von Zuständigkeiten gibt, während in anderen Punkten grundlegende Lücken vorliegen. Dies liegt meist daran, dass Whale-Watching eine relativ neue Aktivität ist. Während die meisten Regulationen das Jagen, Töten oder Belästigen von Walen verbieten, ist nicht klar definiert, inwiefern und ab wann unverantwortungsvolles Verhalten in Bezug auf Whale-Watching unter solche Regulationen fällt (WILSON 2003). Im US Marine Mammal Protection Act (MMPA) wird Belästigung definiert als jeglicher Akt von Verfolgung, Qual oder Störung, der das Potenzial hat, ein Meeressäugetier oder einen Meerestierbestand zu verletzen, oder zu stören, indem er Verhaltensmuster stört, inbegriffen Migration, Atmung, Aufzucht der Jungen, Fortpflanzung, Nahrungsaufnahme und Schutzbedürfnis.

Gegenüber diesen ordnungspolitischen Maßnahmen stehen freiwillige Empfehlungen, auch Richtlinien und Verhaltenskodex genannt. Sie verfügen über keine rechtliche Handhabe (GARROD & FENNELL 2004). Sie lassen sich schneller umsetzen und ermöglichen es so schnell Lücken in Gesetzen zu schließen. Formelle Regulatorien können lokaler und damit spezifischer auf eigenen Erfahrungen aufgebaut werden. An einigen Orten wird Whale-Watching mit einer Mischung aus gesetzlich festgelegten und freiwilligen Richtlinien betrieben. Die letzte Spalte von Tabelle 2 zeigt, dass diese Form der Regulierung in allen aufgeführten Gebieten durchgeführt wird. Global gesehen werden bloße Empfehlungen zur freiwilligen Umsetzung selten befolgt und sind damit an den meisten Orten relativ wirkungslos, wie im nächsten Kapitel anhand von Fallbeispielen beschrieben wird (SCHAFFAR et al. 2010).

4.2 Fallbeispiele

1 Port Philip Bay, Australien

In Port Philip Bay wurden mehrfach Verstöße gegen Lizenzbedingungen beobachtet. So beobachtet bei 1/3 der Arten der Annäherung (von 564 beobachteten), die Dauer von 77 beobachteten Schwimminteraktionen wurde in 47 Fällen überzogen und die Dauer die bei den Tieren verbracht wurde in 66 von 107 beobachteten Touren (SCARPACI et al. 2003: 344 f.).

2 Westaustralien

In Westaustralien wurde eine Zulassung zurückgezogen, als sich durch Studien zeigte, dass die Anzahl der Individuen in Shark Bay durch Whale-Watching sank (BEJDER 2005, BEJDER et al. 2006, HIGHAM & BEJDER 2006, 2008).

3 Port Stephens, Australien

In Port Stephens wurden Gesetze erlassen, nachdem freiwillige Richtlinien keine ausreichende Befolgung zum Schutz der lokal ansässigen Delfine nach sich zogen. Das Gebiet wurde zum Meeresschutzgebiet erklärt, was es ermöglicht hat, auch Verstöße gegen den Verhaltenskodex rechtlich zu verfolgen. Außerdem müssen Anbieter eine Lizenz beantragen, wenn sie Whale-Watching Touren anbieten möchten (ALLEN et al. 2007).

4 British Columbia, Kanada

In vielen Regionen British Columbias dürfen sich Schiffe nur bis auf 100 m Walen nähern, Fähren bis auf 200 m. Es gibt Reservate in denen die Wale nicht aufgesucht werden dürfen und Geschwindigkeitsbegrenzungen, wenn Wale sich in 400-800 m Umkreis befinden. Auch das Anhalten auf den Wanderwegen der Wale ist verboten (BAIN 2002).

5 Kanada

In Kanada existieren 36 bundesstaatliche und 20 provinzielle und territoriale Verordnungen zum Schutz und der Nutzung der Meere. Es fehlt an Organen, die all diese Gesetze koordinieren und so wirkungsvoll umsetzbar machen.

Eine Verbindung von ordnungspolitischen und freiwilligen Richtlinien wurde von den Whale-Watching Anbietern North West verfasst. Nach ihren Aufstellungen agieren dutzende Anbieter in British Columbia und Washington State (USA), die alle die gleiche Population von Schwertwalen anfahren. Die Regelung enthält strengere Vorschriften als sie in beiden Ländern allgemeingültig existieren (BERROW 2003).

6 Hawaii, USA

In Hawaii wurden 9 von 29 Whale-Watching Anbietern regelmäßig dabei beobachtet, wie sie Ostpazifische Delfine (*Stenella longirostris*) direkt an die Boote mit Besuchern trieben. Dies begründet sich daraus, dass diese Anbieter Sichtungen garantieren. Auch das Einkreisen der Delfine mit 5 oder mehr Booten, wurde bei 8 von 29 Touren beobachtet. Diese Vorkommnisse verstoßen gegen die dort gültigen Richtlinien (WIENER et al. 2009: 496 ff.). Das Fisheries Service Pacific Islands Regional Büro der National Oceanic and Atmospheric Administration (NOAA) arbeitet an Gesetzen um diese Delfinpopulation zu schützen. Die Art jagt nachts in tieferen Gewässern, tagsüber ruhen sie an flachen Küstenlinien (NORRIS et al. 1994). Durch dieses vorhersagbare Verhalten und ihre Abhängigkeit von leicht vom Menschen zu erreichende Buchten, sind sie im Vergleich zu anderen Arten besonders anfällig für Störungen durch Menschen. Studien belegen, dass die Ruhezeiten der Delfine kürzer werden und durch Whale-Watching Boote gestört werden (DANIL et al. 2005, DELFOUR 2007, COURBIS & TIMMEL 2009).

7 Sansibar, Tansania

In Sansibar wurden die Richtlinien mit steigender Anzahl an Booten immer weniger beachtet, was sich auf die lokale Population an Tümmlern negativ ausgewirkt hat (CHRISTANSEN et al. 2010).

8 Neuseeland

Neuseeland ist ein Beispiel für die Entwicklung eines verantwortungsvollen Whale-Watching Systems. Richtlinien basierend auf wissenschaftlichen Studien, Lizenzen und entsprechende Gesetze regulierten hier von Anfang an das Whale-Watching (O'CONNOR et al. 2009). Außerdem wurden hier an mehreren Orten Gesetze erlassen, bzgl. der erlaubten Interaktionszeit, wie oft und wann Touren stattfinden dürfen und wo Schwimmer im Wasser erlaubt sind. Nur die Durchführung von Kontrollen ist meist unzureichend, da sie zeit- und kostenintensiv ist (HARTEL 2010).

4.3 Schutzgebiete

Die Definition von Meeresschutzgebieten stammt von der International Union for the Conservation of Nature (IUCN). Marine Protected Areas (MPAs) sind alle Gebiete, in den Gezeitenzonen oder subtidialen Bereichen, zusammen mit dem darüber liegenden Wasser und der assoziierten Flora, der Fauna, den historischen und kulturellen Extras, welche vom Gesetz oder anderen effektiven Organen als teilweise oder insgesamt schützenswerte Umwelt aufgenommen wurden. MPAs wurden geschaffen, um empfindliche Arten und Ökosysteme zu beschützen, die Biodiversität zu erhalten und die Gefahr des Aussterbens einer Art zu minimieren und Ökosysteme zu stabilisieren. Die Nutzung muss überwacht werden, um Konflikte zu vermeiden und die Produktivität der Populationen von Fischen und Meeressäugetieren soll rund um das Reservat erhöht werden (PAULY et al. 2002, HOOKER & GERBER 2004).

Die spezielle Ausrichtung auf Meeressäugetiere erfolgt durch bereits vorliegende oder neu zu entwickelnde Gesetze oder Managementpläne. Nach HOYT (2005a) sind die existierenden Schutzgebiete zu klein, zu wenig und verfügen über zu wenig Gesetze, welche meist auch nicht rechtlich verflogt werden.

Das erste Schutzgebiet für Wale war die Laguna Ojo de Liebre, welches 1971 von der mexikanischen Regierung geschaffen wurde. Hierbei ging es um den Schutz der Baja California, welche ein Hauptgebiet für die Paarung und die Geburt der Kälber von Grauwalen (*Eschrichtius robustus*) ist. Im Sommer wandern die Wale von hier zu ihren Nahrungsgründen in Alaska. 1988 wurde die umliegende Wüste und Küste zusammengenommen mit der San Ignacio und der Guerrero Negro Lagune, um das

El Vizcaino Biosphärenreservat zu bilden. Unter den Walen stellen Grauwale recht einfache Habitatansprüche. Sie bringen ihre Kälber jeden Winter in halbgeschlossenen Salzwasserlagunen zur Welt (HOYT 2005a).

Weltweit gibt es etwa 20.000 MPAs, die etwa 5% der Meeresoberfläche abdecken. Die meisten davon wurden in den letzten Jahrzehnten geschaffen. Etwa 600 von diesen schützen Habitate die speziell für Cetacea von Bedeutung sind. 2010 fand das Treffen der Convention on Biological Diversity in Nagoya (Japan) statt und hier wurde zum Ziel gesetzt, dass bis 2020 10% der Meeresoberfläche weltweit unter Schutz stehen soll (HOYT 2017: 216). Im Bereich der Hochsee, welche über die Hälfte der Meeresfläche der Erde ausmacht und in welcher sich 79% der Wale zumindest zeitweise aufhalten (37% leben ausschließlich hier), existieren nur fünf Schutzgebiete und weitere neun sind in Planung. Hier ist weniger als 1% der Fläche geschützt (HOYT 2005a, 2017). Abbildung 3 zeigt eine Weltkarte mit den existierenden MPAs, welche Habitate von Meeressäugern umfassen (pinke Flächen) und MPAs dieser Art die in Planung sind (dunkelgrüne Flächen). Die von der Convention on Biological Diversity als wichtige Habitate für Meeressäuger festgehaltenen Gebiete sind in beige dargestellt.

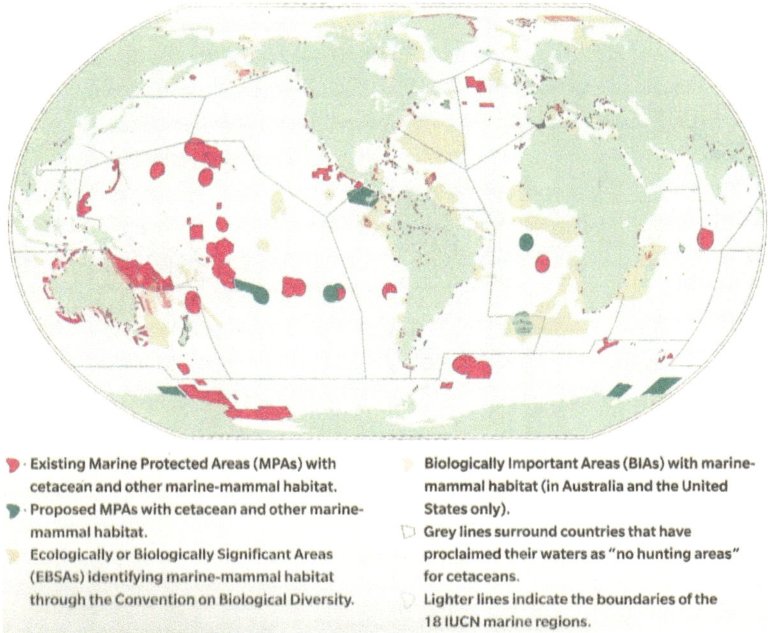

Abb. 3: Weltkarte mit bedeutenden Arealen für Meeressäuger (HOYT 2017: 213).

Die USA und Australien haben ebenfalls extra für ihre Länder solche Gebiete identifiziert, welche in der Karte in rosé markiert sind. Dunkelgraue Linien umschließen Länder, die ihre Gewässer mit einem Jagdverbot für Cetacea belegt haben. In hellgrau sind die Grenzen der 18 Meeresregionen eingezeichnet, welche die IUCN für besonders bedeutend für Meeressäuger hält.
Internationale oder auch nationale Schutzgebiete verbieten häufig nur die Jagd auf Meereslebewesen oder Wale, selten liegen detaillierte Schutzmaßnahmen oder entsprechende Managementpläne vor. Kleinere Schutzgebiete schützen Wale daher meist besser.
Schutzgebiete für Wale beinhalten die folgenden Punkte, welche teils sehr unterschiedlich beachtet und verfolgt werden. Sie sollen wichtige Gebiete für Wale schützen, dies sind die Gebiete in denen Wale jagen, fressen, spielen, sich fortpflanzen und balzen. Um diesen Schutz zu erreichen, sollen Managementpläne aufgestellt werden, welche ein gesundes Ökosystem erhalten und so die Zukunft der Wale in diesen Gebieten sichern. Schutzgebiete sollen dabei zusammenarbeiten, um geschützte Habitate zu verbinden und so auf die Bedürfnisse bestimmter Arten und Populationen eingehen zu können. Dabei soll qualifiziert und stets vorsorglich gedacht werden. Der Managementplan muss mit allen Partnern regelmäßig kontrolliert werden. Ebenso sind regelmäßige Kontrollen nötig, die alle Bedrohungen betreffen, denen Wale ausgesetzt sind (Verschmutzung, Schiffsverkehr, Konflikte mit der Fischerei), sowie entsprechende Gesetze und die Überwachung dieser (HOYT 2005b). In den Kapiteln zuvor wurde dargelegt, wie problematisch die aktuelle Gesetzeslage diesbezüglich ist.

5. ÖKOTOURISMUS UND NACHHALTIGKEIT

In den letzten Jahrzehnten hat sich Whale-Watching zu einer globalen Touristenattraktion entwickelt. An vielen Standorten, wie zu zum Beispiel den Azoren, löste es den Walfang ab, wird teils mit Forschung verbunden und ermöglicht es Wale und Delfine ohne die umstrittene Gefangenschaft zu beobachten. So wird Whale-Watching oft im Zusammenhang mit nachhaltigem Tourismus erwähnt. In den letzten Jahren wurde dieser Zusammenhang vermehrt in Frage gestellt, da immer mehr Studien erschienen, welche negative Auswirkungen auf die Wale durch die ständige Störung von Booten belegten (siehe Kapitel 6).
Nachhaltiger Tourismus zeichnet sich dadurch aus, dass er den Einfluss von Touristen minimiert, die vorhandenen Ressourcen nachhaltig nutzt und sich positiv auf die lokale Bevölkerung auswirkt. So wird Ökotourismus von der International Ecotourism Society als verantwortungsvolles Reisen in natürliche Gebiete, das die Umwelt erhält und zum Wohlergehen der lokalen Bevölkerung beiträgt definiert. Die International Union for Conservation of Nature fasst es noch etwas genauer: Umweltver-

trägliches Reisen und Besuch relativ ungestörter natürlicher Regionen, um die Natur anzuerkennen und zu genießen, Teilnahme an kulturellen Veranstaltungen die den Erhalt des Gebietes unterstützen und sich im sozioökonomischen Sinne positiv auf die lokale Bevölkerung auswirken (PARSONS et al. 2013: 290).

Durch Tourismus entstehen Arbeitsplätze und Infrastruktur, was aber auch zu einer zunehmenden Bebauung und anthropogenen Nutzung der Gebiete führt. Häufig werden weite Strecken zurückgelegt, um die Tiere in ihrer Heimat zu sehen.

Der Begriff Ökotourismus beinhaltet bei der Tierbeobachtung das Aufsuchen der Tiere in ihrem natürlichen Lebensraum. Ökotourismus soll zum Erhalt und Schutz einer Art beitragen, also ihr Wohlbefinden fördern (HIGHAM 2007).

In den 70er Jahren gab es eine erste globale Gegenbewegung zum Walfang. Whale-Watching wird seitdem als ein Erfolg der Naturschutzbewegung gesehen. Es soll zum Schutz der Meere beitragen, da es die Möglichkeit eröffnet, die Tiere in ihrem natürlichen Lebensraum zu erleben und so den Schutzwert der Meere und ihrer Bewohner zu erkennen (HAMMOND 2006).

Früher war das Beobachten von Tieren in freier Wildbahn etwas, was nur von Forschern und wenigen privat begeisterten Privilegierten durchgeführt wurde. Heute ist es eine Art Massenprodukt. Von Natur aus sind Wildtiere scheu, reagieren auf Menschen mit Flucht oder Verstecken. Wie mit diesem Verhalten umgegangen wird, wie nah die Menschen den Tieren kommen dürfen und im Falle einer Flucht folgen dürfen, ist von Region zu Region unterschiedlich und von verschiedenen ökonomischen Interessen beeinflusst (KNIGHT 2009).

Whale-Watching bietet die Chance einen Nutzen für Wale zu haben. Viele Besucher sind während einer Tour motiviert zum Schutz dieser Tiere beizutragen, wenn entsprechende Bildung über Bedrohungen der beobachteten Art erfolgt (HIGHAM et al. 2014).

Nach dem IFAW et al. (1997) kann ein nachhaltig durchgeführtes Whale-Watching mit entsprechenden Gesetzen und Managementplänen, sowohl für Wale als auch Menschen zu positiven Veränderungen führen. Wale können als Embleme für die Gefährdung von Spezies und Habitaten in den Meeren auftreten und die Allgemeinheit für diese Themen sensibilisieren. Whale-Watching bietet die Möglichkeit, Menschen jeden Alters und jeder Kultur Umweltprobleme nahe zu bringen und sich an Schutzmaßnahmen auf lokaler, regionaler, nationaler und internationaler Ebene zu beteiligen. Die Entwicklung von Bildungsprogrammen fördert eine Verbindung zwischen der Whale-Watching Industrie und den lokalen Gemeinden und baut Brücken zwischen der Allgemeinbevölkerung und wissenschaftlichen Gesellschaften. Wissenschaftliche Daten, welche durch Whale-Watching gewonnen werden, stellen einen großen Wert dar. Beim Whale-Watching können Tiere in der Wildnis beobachtet werden, Wissen übermittelt und Mythen aufgeklärt werden. Im Bereich des Ökotourismus und Abenteuerurlaubs, ist Whale-Watching ein Model, um Bildung zu den Meeren zu vermitteln. Es bietet die Möglichkeit lokale Geschichte, die Kultur und Natur anzuerkennen und zu verstehen.

2006 erschien die IWC St Kitts Deklaration für Wal- und Delfintourismus. Diese Deklaration befasst sich mit dem schnellen, zu großen Teilen unüberwachten Wachstum des Whale-Watching und erkennt offiziell an, dass Whale-Watching sich signifikant auf die Wale auswirken kann. Das Dokument begründet darauf aufbauend die Notwendigkeit, nachhaltige Praktiken zu entwicklen. Auch die Ausbeutung der Spezies durch Whale-Watching Organisationen wird in der Deklaration thematisiert (HIGHAM & LUSSEAU 2008). Um einzugrenzen wann ein Whale-Watching Anbieter als nachhaltig einzustufen ist, verfasste die IWC außerdem eine Definition über 5 Bedingungen, die dieser Anbieter einhalten muss:

1. Aktive Beteiligung am Schutz von Cetacea (z.B. lokalen Wissenschaftlern helfen oder Schutzprojekte unterstützen).
2. Zur Verfügung stellen von akkuraten Bildungsmaterialien oder Aktivitäten für Touristen.
3. Bemühungen den Umwelteinfluss minimal zu halten (z.B. durch Reduzierung von Abfall).
4. Befolgung von ordnungspolitischen und freiwilligen Richtlinien.
5. Vorteile für die lokale Bevölkerung schaffen (z.B. bevorzugt lokale Mitarbeiter einstellen, lokale Handarbeit verkaufen oder die Unterstützung von Projekten für Natur, Bildung oder Kultur vor Ort) (PARSONS et al. 2013: 291).

Abbildung 4 stellt die komplexen Zusammenhänge um die Wirtschaft des Whale-Watching Tourismus dar. Auch mögliche Auswirkungen dieses Tourismus werden hier nochmal zusammenfassend in einer Übersicht dargestellt. Dabei finden sich in den drei großen Kästen die beteiligten Regionen. Ganz links die Herkunftsregion der Touristen, mittig eventuelle Transitregionen und ganz rechts die Zielregion. Direkt im Kasten steht, wie die jeweilige Region durch den Tourismus beeinflusst wird. Den wesentlichen Faktor stellt hier die nötige Infrastruktur dar. Gerade in Zonen die nur als Transitzone fungieren, ist die Frage nach der Nachhaltigkeit dieser von großer Bedeutung. In der Herkunftsregion von Touristen sind außerdem die Faktoren dargestellt, die dazu führen ob sich für die Teilnahme an einer Whale-Watching Tour entschieden wird und welche Nachwirkungen die Teilnahme am Whale-Watching in der Heimatregion haben kann. In der Zielregion werden mögliche Einflüsse des Whale-Watching dargestellt und die Faktoren die bei der Art der Durchführung dieser Touren eine Rolle spielen. Unten finden sich in kleinen Kästen verschiedene Organisationen und Faktoren die ebenfalls Einfluss in allen Bereichen ausüben.

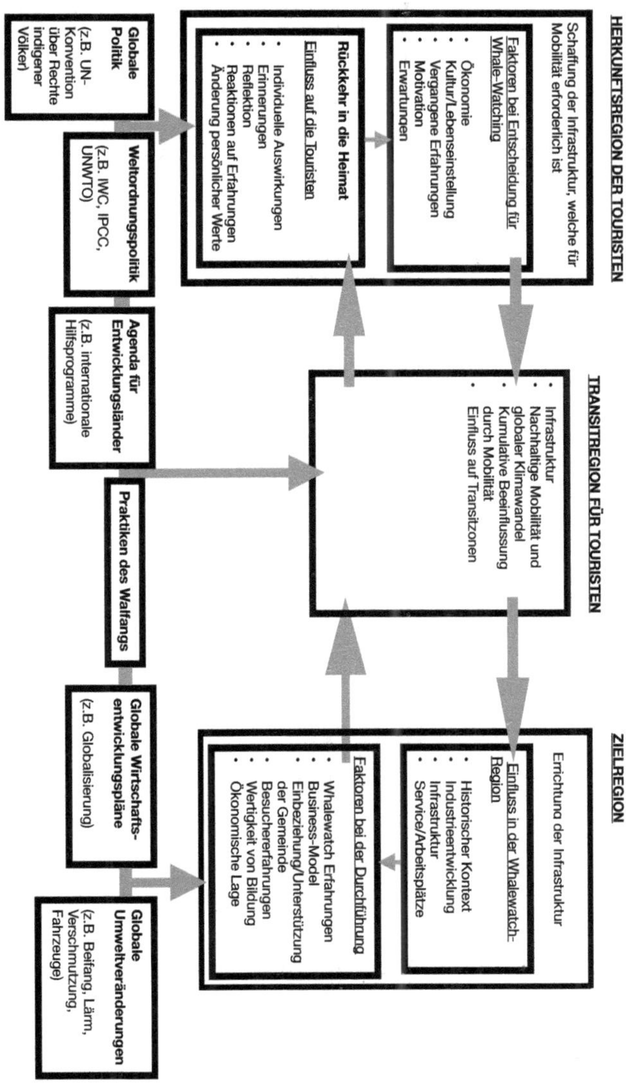

Abb. 4: Darstellung des Tourismus um Whale-Watching und seine möglichen Auswirkungen und Zusammenhänge (Eigene Darstellung nach HIGHMAN et al. 2014).

6. BIOLOGISCHE AUSWIRKUNGEN AUF DIE WALE

Um Whale-Watching auf eine möglichst ökologische Art durchführen zu können, ist es wichtig zu verstehen, welchen Einfluss einzelne Faktoren auf die Tiere haben. Störungen sind hierbei nach FRID und DILL (2002) als Abweichungen von Verhaltensmustern zu verstehen, welche sich zu dem Verhalten zeigen, welches ohne menschlichen Einfluss auftritt. Wale können sich durch Whale-Watching gestört fühlen. Dies soll vor allem dadurch ausgelöst werden, dass die Tiere die Menschen als Jäger wahrnehmen. Die Reaktionen der Wale entsprechen daher den Reaktionen, die sie auf natürliche Feinde zeigen. Bei Bartenwalen ist nachgewiesen, dass diese Reaktionen die Basis des Wanderungsverhaltens der Tiere bilden (FRID & DILL 2002).

Es gibt eine Reihe von unterschiedlichen Reaktionen auf die Bedrohung durch Raubfeinde. Was beeinflusst wie die Menschen von Walen wahrgenommen werden, wie ihre Reaktionen aussehen und wie sie sich kurz- und langfristig auf das Leben der Tiere auswirken, soll in diesem Kapitel nachgegangen werden.

6.1 Kurzfristige Auswirkungen

Unmittelbar beobachtbare Reaktionen auf Whale-Watching Boote bei Walen sind entweder horizontal oder vertikal gerichtet. Ein vertikales Ausweichen bedeutet, dass die Tiere weniger Zeit an der Oberfläche verbringen, indem sie die Dauer und Tiefe der Tauchgänge anheben (NOWACEK et al. 2001). Beim horizontalen Ausweichen heben die Tiere die Geschwindigkeit an und ändern die Frequenz ihrer Richtungswechsel, um den Whale-Watching Booten zu entkommen oder diese auszumanövrieren (WILLIAMS et al. 2002). Diese Arten von Bewegungen hängen auch stark davon ab, in welcher Aktivität sich das Tier gerade befindet. Z.B. verbringen die Tiere mehr Zeit an der Oberfläche, wenn sie sozial interagieren, als wenn sie reisen oder fressen. Daher muss hier stets der Kontext beachtet werden, in welchem die Tiere angetroffen werden (CHRISTANSEN et al. 2010).

6.2 Langfristige Auswirkungen

Die kurzzeitig beobachtbaren Auswirkungen können bei längerer Dauer zu einem Absinken der Fitness einer Population führen (siehe Kapitel 6.3), damit verbunden zu einer Abnahme der Populationsgröße und Änderungen der Habitatnutzung. Die Änderung der Habitatnutzung ist problematisch, da sie Tiere mit weniger Ressourcen und vermehrter Gefahr durch Raubfeinde zurücklassen kann (LUSSEAU & HIGHAM 2004).

Langfristige Auswirkungen sind schwer zu erforschen, da Wale sehr langlebig sind und ein relativ schweres Forschungsobjekt darstellen. Wale haben eine lange Tragzeit. Dadurch zeigen sich Auswirkungen erst nach Jahren. Auch erholen sich viele Walarten noch von der Waljagd, die steigenden Populationszahlen können Auswirkungen des Whale-Watchings vertuschen (CONSTANTINE et al. 2003).

Studien vor Beginn des Tourismus existieren nur selten, daher fehlt es an Daten zum Vergleich. Einerseits wird davon ausgegangen, dass durch die vermehrte Trennung von Mutter und Kalb, wenn Boote näher als 50 m herankommen, das Kalb leichtere Beute für Fressfeinde wird. Außerdem kann durch erhöhten Stress ein

Rückgang der Reproduktionsrate ausgelöst werden. Es gibt wenige Studien die Langzeitauswirkungen belegen. Zwei dieser Studien an Schweinswalen (*Phocoenidae*) belegen eine Abnahme des Reproduktionserfolgs, dessen Folge der Rückgang der Population und das Verschwinden der Tiere in zwei Gebieten war (LUSSEAU et al. 2006).

6.3 Fallbeispiele

1 British Columbia, Kanada

Bei einer Studie von KRUSE (1991) wurde beobachtet, dass Schwertwale (*Orcinus orca*) ihre Schwimmgeschwindigkeit anheben, wenn sich Boote in 400 m Umkreis befinden. Auch änderten sie ihre Wege und hielten Abstände zu den Booten. Bei einem Abstand von 1000 m stellte sich wieder ein linearer Weg ein (WILLIAMS et al. 2002).

2 Bay of Islands, Neuseeland

In der Bay of Islands gab es zwischen 1994 und 1998 eine Studie an Großen Tümmlern. Hier wird das Schwimmen mit diesen Tieren angeboten. Die Delfine zeigten eine klare Meidung, wenn die Schwimmer in ihren Weg kamen. Diese Vermeidungsrate stieg während der Studie auf 27% und verdoppelte sich, wenn die Schwimmer ins Wasser gingen, wenn die Delfine ums Boot herum schwammen. Gingen die Schwimmer auf der Seite ins Wasser, auf der die Delfine sich nicht aufhielten, sank die Rate auf 10% und zum Ende der Studie auf 1%. Wenige Tiere interagierten mit den Schwimmern (ca. 19,3%) und ungefähr 67,5% dieser Tiere waren Jungtiere. Zwischen 1997 und 2005 gab es jährlich 7,5% weniger Tümmler in der Bay of Islands (CONSTANTINE 2001). Eine unmittelbar beobachtbare Reaktionen war auch das enge Zusammenschließen von Gruppen (HIGHAM et al. 2014).

3 Fiordland, Neuseeland

Den Tümmlern in Fiordland stehen sehr begrenzte Lebensräume zur Verfügung, dadurch ist die soziale als auch körperliche Konsequenz von einem limitierten Zugang zu kritischen Habitaten sehr problematisch. Die Delfine haben kaum Möglichkeiten auf andere Habitate auszuweichen, wenn sie sich zu sehr durch die Boote gestört bzw. bedroht fühlen. Stresssituationen können sie nicht entweichen, fressen evtl. weniger und interagieren auch weniger sozial. Der Großteil der Tiere verweilt im Gebiet, da es nicht allen Individuen möglich ist, das Habitat zu verlassen. Hierfür sind Alternativen wie Futterquellen und Paarungspartner nötig, oder ein Platz in der Hierarchie der es ihnen erlaubt, neue Territorien zu verteidigen.

4 Shark Bay, Australien

Eine über fast 30 Jahre geführte Studie stammt von Shark Bay, in welcher Tümmler über diesen Zeitraum beobachtet wurden. Hier konnten Vergleiche zu Daten gezogen werden, welche vor den Touristentouren gesammelt wurden. Die Daten zeigten, dass einer von sieben Delfinen die Areale verließ, wenn mehr als ein Boot anwesend war (KRÜTZEN et al. 2002).

5 New England, USA

WEINRICH & CORDELLI (2009) konnten in ihrer Studie an Buckelwalen (*Megaptera novaeangliae*), keine Auswirkungen auf die Reproduktion feststellen. Buckelwale wandern über das Jahr hinweg häufig und haben eine starke Bindung an Gebiete für die Aufzucht von Jungen oder die Nahrungsaufnahme. Sie verlassen sich auf die gewohnten Gebiete entlang ihrer Routen und kehren immer wieder zu diesen zurück. Gerade für säugende Mütter kann die Wichtigkeit des Vorhandenseins einer zuverlässigen Nahrungsquelle, die Störung durch Boote überwiegen. Für große Wale gibt es nur eine limitierte Auswahl an Gebieten mit zuverlässigem Beutevorkommen. Daher ist auch ihr Verbleiben eventuell nur aus Mangel an Alternativen anzusehen (CLAPHAM et al. 2009).

6.4 Fitness

Über den Tag verbrauchen Wale Energie. Für welche Tätigkeiten sie diese einsetzen, wirkt sich erheblich auf die Fitness des Tieres aus. Es muss eine angemessene Verteilung zwischen Zeit für Ruhepausen, Nahrungsaufnahme und sozialen Interaktionen gefunden werden. Wird diese Balance gestört, kann ein Tier leichter Raubfeinden zum Opfer fallen, schlechtere Chancen bei der Fortpflanzung haben oder auch weniger fähig sein seine Jungtiere aufzuziehen.

Whale-Watching wirkt sich nachweislich auf das Verhalten der Tiere aus. Beobachtet wurden eine reduzierte Ruhezeit, Änderungen im Verhalten bei der Suche nach Nahrung und eine erhöhte Reiseaktivität, welche gerade für Mütter mit Kälbern als auch Walen außerhalb ihrer Nahrungsgebiete kritisch ist (STECKENREUTER et al. 2011).

Häufig werden Touren mehrmals am Tag angeboten. Am Bay of Islands (Neuseeland) gibt es nur eine Delfingruppe, sodass die über den ganzen Tag verteilt eintreffenden Boote die Tiere in ihren Ruhepausen beeinträchtigen (CONSTANTINE et al. 2003).

Bei Schwertwalen wurde eine Reduzierung des Aktivitätsbudgets durch die Anwesenheit von Booten von 3-4% dokumentiert. Männliche Schwertwale reisten im Schnitt 13%-17% weiter, wenn Boote ihnen folgten. Weibliche Schwertwale änderten häufiger ihre Richtung (WILLIAMS et al. 2002). Durch die größeren Distanzen welche zurückgelegt wurden, hatten die Wale weniger Zeit zu ruhen. Die Zeit die für die Nahrungsaufnahme genutzt wurde, reduzierte sich und führte zu einem Energieverlust zwischen 18 und 25% (WILLIAMS et al. 2006). Um Vancouver herum wurden Schwertwale beobachtet und 90% der Zeit wurden diese tagsüber von Whale-Watching Booten begleitet. Die Whale-Watching Saison geht hier von April bis Oktober, was bedeutet das die Wale ca. 25% der Zeit übers Jahr von Booten begleitet werden (50% der Zeit liegen in den 6 Monaten der Whale-Watching Saison)((Lusseau et al. 2009). Dieser Energieverlust führt bei Schwertwalen pro Jahr zu einem Individuum weniger (Higham 2014). Hierbei spielt die Auslastung des Habitats durch die Populationsgröße eine Rolle. Kleine Populationen in großen Habitaten können den Energieverlust ausgleichen. Allerdings lebt der Großteil der Wale heutzutage unter begrenzten Ressourcen und damit ausgelasteten Habitaten. Abbildung 5 zeigt ein Habitat, welches durch unterschiedliche Populationsgrößen verschiedenen Prozentzahlen an Auslastung ausgesetzt ist (X-Achse). Die Y-Achse zeigt dabei den prozentualen Abfall des Populationswachstums in Abhängigkeit der Auslastung des Habitats. Vorausgesetzt wird hierbei eine Störungsquelle wie Whale-Watching. Bis zu 90% Habitatauslastung sind die Schwertwale dieser Studie in der Lage, den Energieverlust durch Whale-Watching auszugleichen. Danach beginnt ein Abfall der Populationsgröße. Dabei variiert der Abfall der Population, je nach Energieverlust (1-5%). Je höher dieser ist, desto größer der Abfall des jährlichen Populationswachstums.

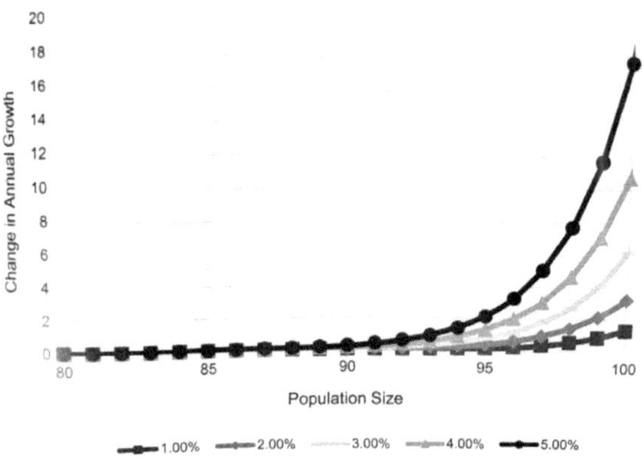

Abb. 5: Reduktion der Schwertwalpopulation nach Energieverlust (1-5%) (Higham et al. 2014: 215).

Bei weiblichen Großen Tümmlern in Sansibar wurde eine Erhöhung der Bewegungsaktivität beobachtet (Stensland & Berggren 2007). Bei erhöhter Lärmintensität erfolgte ein horizontales Ausweichen, welches sich in ein vertikales änderte, sobald die Interaktionen intrusiv wurden (Lusseau 2003). Erfahrene Mütter zeigten in Regionen mit Booten längere Tauchzeiten. Dadurch soll das Jungtier der potenziellen Gefahr möglichst wenig ausgesetzt sein, durch die geringere Lungenkapazität ist dies jedoch nur sehr begrenzt mit Kälbern möglich (Mann & Smuts 1998). Aus diesem Grund halten sich Jungtiere meist näher an der Oberfläche auf, was sie anfälliger für Kollisionen mit Booten macht (Douglas et al. 2008).
Auch bei Buckelwalen wurde beobachtet, dass diese auf ihren Wanderrouten sensibler auf Boote reagierten, wenn in ihrer Herde Jungtiere waren (Higham et al. 2014).

6.4 Lärmbelastung

Wale zeigen sensible Reaktionen auf Lärm. Wasser leitet Geräusche sehr gut weiter. So reagieren Belugas (*Delphinapterus leucas*) auf das Geräusch von brechendem Eis in der Arktis. Der akustische Sinn spielt eine Rolle bei der Wahrnehmung der Umwelt, der Paarung, dem Informationsaustausch zwischen Artgenossen, liefert Informationen über potenzielle Beute, der räumlichen Verteilung und dem Zusammenhalt der Gruppe (TYACK 2000).

Das Gehör von Walen ist überlebenswichtig und nötig um eine soziale Gemeinschaft aufrechtzuerhalten. Durch Geräuschbelastung kann dieses akustische System zeitweise oder auch permanent gestört werden. Über die letzten Jahrzehnte wurde der Unterwassergeräuschpegel in ausgewählten Regionen permanent überwacht und er verdoppelt sich jedes Jahrzehnt (HIGHAM et al. 2014).

In Washington State hoben Schwertwale die Dauer ihrer Rufe um 15% an, nach einem fünffachen Anstieg der Bootsanzahl die sie begleiteten. Schnelle Boote überdecken Rufe von Schwertwalen im Umkreis von 14 km und können nach 30-50 min in einem Umkreis von 450 m zu einer temporären Verschiebung der wahrgenommen Höhenlagen führen. Potenzielle Beute wird mit dem Echolot erkannt und bei Geräuschbelastung muss sich der Wal deutlich näher an dieser befinden, um sie zu lokalisieren. Ein Boot welches in 400 m Entfernung am Wal vorbeifährt, stört das Echolot zu 90% (HOLT 2008).

Whale-Watching Boote fahren meist in Geschwindigkeit der Wale, mit etwa 100 m Entfernung. RICHARDSON et al. (1995) fand raus, dass dies zu einer dreifachen Verkleinerung der Reichweite des Echolots führt. Schwertwale nutzen allerdings verschiedene Jagdtechniken und die Wale sind dadurch unterschiedlich stark abhängig vom Echolot. Manche Gruppen haben feste Jagdreviere in welchen sich ihre Beute grundsätzlich aufhält, sodass sie ihre Echolot Fähigkeit nicht zwingend zur Jagd benötigen.

HOLT (2008) erforschte die Geräuschbelastung an der Insel San Juan. Er fand raus, dass die Reichweite des Echolots hier um das 3- bis 5-fache durch Unterwasserlärm gesenkt wird. Wenn die Wale in dieser Region kein Wissen über den Aufenthaltsort ihrer Beute haben, würde das zu einem Beuteverlust von über 90% führen. Unterwasserlärm führt für die Jagd in Gruppen, wie sie Schwertwale und Buckelwale durchführen, zu einem eingeschränkten Radius (D'VINCENT et al. 1985). Die Tiere können sich nicht gegenseitig über Distanzen wie unter Bedingungen ohne Schiffsverkehr wahrnehmen. Eine länger andauernde Geräuschbelastung durch Boote kann zu dauerhaften Veränderungen des Gehörs führen (ERBE 2002).

Belugas erhöhten die Frequenz ihrer Vokalbreite, wenn Boote in unmittelbarer Nähe waren und änderten die Häufigkeit ihrer Rufe, wenn sich die Boote innerhalb eines Kilometers Umkreis befanden. Fuhren langsame Boote durch die Habitate der Wale,

hielten diese Effekte dementsprechend länger an (LESAGE et al. 1999).
Tümmler reduzierten ihre Kommunikation um 26%, wenn ein kleines Boot in 50 m Umkreis in flachen Gewässern war. Die Kommunikation zwischen Pilotwalen sank bei gleicher Geräuschbelastung in tieferen Gewässern um 58% (JENSEN et al. 2009). Buckel-Delfine (*Sousa chinensis*) hoben die Anzahl ihrer Pfiffe an, wenn Boote in 1,5 km Umkreis an der Gruppe vorbeifuhren (VAN PARIJS & CORKERON 2001). Tümmler zeigten dasselbe Verhalten bei der Anwesenheit von Whale-Watching Booten (SCARPACI et al. 2000).

7. EINLFUSS DES WHALE-WATCHING AUF DIE ENTWICKLUNG EINER SCHWERTWALPOPULATION

BAIN et al. (2014) führten eine Studie über die Auswirkungen von Whale-Watching an Schwertwalen in British Columbia durch. Durch ein hohes Vorkommen an Fischen und einer dezimierten Anzahl an Schwertwalen (durch Fang für Aquarien), lag die beobachtete Population 1970 wahrscheinlich weit unter der Habitatkapazität. Daher wird nicht von Auswirkungen durch Whale-Watching auf die Population ausgegangen. In den 1980er und frühen 1990er Jahren, wird die Habitatkapazität gesunken sein, da die Fischbestände instabil waren. Es wird nicht von einem großen Einfluss durch Whale-Watching ausgegangen, da die Flottengröße zu der Zeit noch gering war. In den 1990er Jahren stieg die Zahl an Whale-Watching Touren an und es kann erstmalig davon ausgegangen werden, dass der Energieverlust durch Whale-Watching größer war, als der Verlust durch den weniger vorhandenen Fisch. BAIN et al. (2014) fanden weiterhin heraus, dass die Störung durch Lärm sich signifikanter auswirkt als der erhöhte Energieverbrauch, da durch die Geräuschbelästigung potenzielle Beute verloren geht. Abbildung 6 zeigt diesen Zusammenhang auf, bei dem sich der Anstieg der Boote (dunkelgraue Linie ganz unten) in den 1990er Jahren fortsetzt und ab 1996 ein stetiger Abfall der Walpopulation zu beobachten ist (hellgraue Linie ganz oben).
Es wird aber darauf verwiesen, dass die Fitness der Tiere erst durch Whale-Watching beeinträchtigt wird, wenn die Population nur begrenzten Zugang zu Nahrung hat (WASHINGTON DEPARTMENT OF FISHERIES et al. 1993), sei es durch Reduktion der Nahrungsquelle oder einem verminderten Zugang durch Störungen. Auch die Aussetzung von verbranntem und unverbranntem Treibstoff wird als zusätzlicher möglicher Belastungsfaktor in der Studie angegeben.
Wale reagieren nicht immer mit einem Verschwinden oder der Meidung einer Region auf Störungen. Relativ kleine Veränderungen des verfügbaren Fisches können über einen gewissen Zeitraum zu Veränderungen der Populationszahl führen.

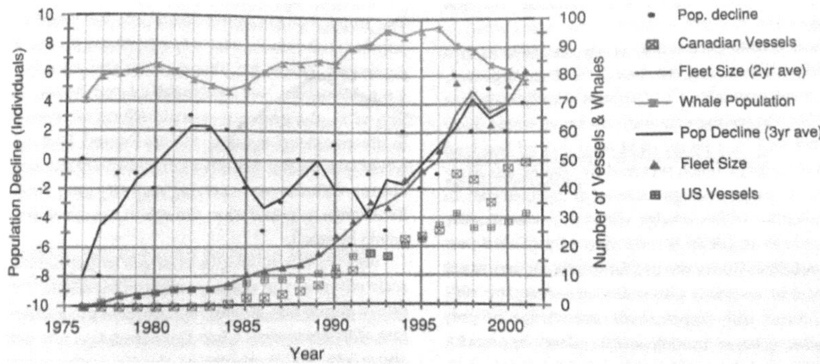

Abb. 6: Zusammenhang zwischen der Walpopulation und Flottengröße (HIGHAM et al. 2014: 217).

Dennoch besteht die Möglichkeit, dass ein Habitatwechsel sich signifikanter auf die Population auswirken würde, als der Störung durch Whale-Watching ausgesetzt zu sein (HAUSER et al. 2007). Neue Habitate stellen evtl. nicht dieselbe Menge Nahrung zur Verfügung und optimale Taktiken zur Nahrungssuche sind nicht erprobt.

MORTON & SYMONDS (2002) führten eine Studie durch, in dieser wanderten die Wale nach einigen Jahren in denen sie Lärm ausgesetzt waren ab. Hier gab es nahliegende Habitate mit ähnlichem Fischvorkommen oder höherem, jedoch mit größerer intraspezifischer Konkurrenz.

Bei der Studie von BAIN et al. (2014) waren die Schwertwale zur Tageszeit nur 0,5-2,5% keinen Booten ausgesetzt (während der Whale-Watching Saison 2003 bis 2005). Die Zeit ohne Boote in einem 1000 m Radius variierte zwischen 9,9 und 24,3%, in einem 400 m Radius von 19-43,3% und die Zeit die Wale ohne Boote verbrachten, welche die 100 m Richtlinie einhielten, betrug 71,2-76,7%. Diese nahezu kontinuierliche Präsens von Booten setzte sich aus Sportfischern (erschienen bei Sonnenaufgang), Forschungsschiffen (vom frühen morgen an) und Whale-Watching Schiffen (von 9 Uhr morgens bis Sonnenuntergang) zusammen. Auch nachts fand signifikanter Frachtverkehr statt (WILLIAMS et al. 2009b). Es stellt sich daher als schwierig dar, allein die Quelle Whale-Watching als Ursache für ein Verhalten oder Unterschiede in der Populationsgröße verantwortlich zu machen.

Auch verweisen BAIN et al. (2014) darauf, dass in ihrer Studie nur auf Energiekonsequenzen hin untersucht wurde. Stress, Gifte und Kollisionen stellen weitere Faktoren dar. Stress schwächt das Immunsystem und kann so die Anfälligkeit für Krankheiten erhöhen (AYRES et al. 2012, ROLLAND et al. 2012). Gifte wirken sich ebenfalls auf das Immunsystem aus und führen zu weiteren Erkrankungen (DE SWART et al. 1996). Außerdem können sich Gifte auf die Fortpflanzung und das Überleben von Kälbern auswirken. Gifte werden von Booten in Form von unverbranntem Brennstoff und Abgasen abgegeben (LACHMUTH et al. 2011). Kollisionen mit Booten sind eher selten und führen häufig nicht zum Tod des Tieres, dennoch gibt es Todesfälle die darauf zurückzuführen sind (FORD et al. 2000).

8. STÖRUNG DER REPRODUKTION BEIM BARTENWAL

Wandernde Wale haben Phasen in denen ganz unterschiedlich auf ihr Energiebudget Einfluss genommen wird, abhängig davon, ob sie sich in ihren Nahrungshabitaten oder denen zur Aufzucht der Jungen befinden. Bei der Aufzucht von Kälbern müssen Mütter einen großen Teil ihrer Energie dem Überleben ihrer Kälber widmen. Daher wandern viele Wale dazu in Gebiete, in denen die Gefahr durch Räuber geringer ist. Außerdem verwenden Individuen in diesen Gegenden Zeit darauf, sich zu paaren (MANN et al. 2000). Die Taktiken bei Bartenwalen reichen von erhöhter Spermaproduktion bis zur Umwerbung von Weibchen, all dies beeinflusst das Energiebudget beider Geschlechter während dieser Zeit. Im Gegensatz dazu, wenn die Tiere sich in ihren Nahrungshabitaten aufhalten, erhöhen sie ihre verfügbare Energie und speichern diese ab für die Wanderungen, Paarung und zur Aufzucht der Jungen. Die teils sehr weiten Wanderungen bedeuten eine jährlich wiederkehrende Belastung und Bedrohung des Überlebens.

Boote die signifikant in die Investition zur Fortpflanzung und Aufzucht, sowie der Energieaufnahme in den Nahrungshabitaten eingreifen, bedrohen das Leben eines Bartenwals. Durch Whale-Watching kann die Säugezeit der Kälber gestört werden. Mütter säugen ihre Kälber nicht gleichbleibend während dieser Zeit (siehe Abb. 7). Werden Wale durch Touristen in der Phase gestört, in welcher die Hauptphase der Säugezeit liegt (also etwa zwischen dem 50. und 80. Tag nach der Geburt), kann dies zu einem verminderten Wachstum führen, wie es bei anderen Taxa schon beobachtet wurde (MCCLUNG et al. 2004). Dies kann dann wiederum zu einer erhöhten Sterblichkeit der Kälber führen (MCMAHON et al. 2000). Auch haben die Mütter einen erhöhten Energieverbrauch durch das Ausweichen vor Booten (erhöhte Zeit zur Fortbewegung statt zu Ruhen).

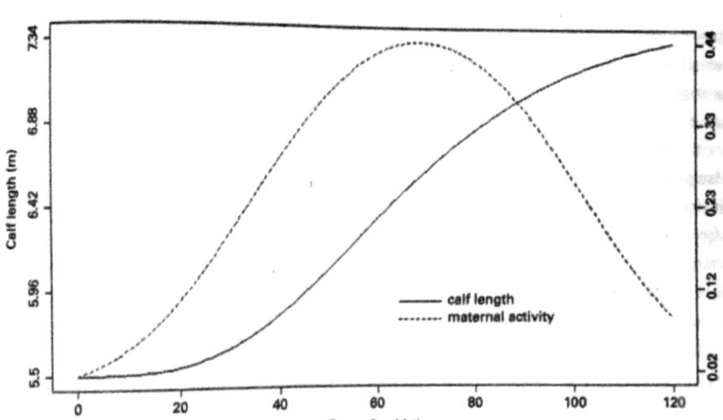

Abb. 7: Größe und Alter des Kalbes, sowie Säugeaktivität der Mutter (HIGHAM et al. 2014: 231).

Diesen erhöhten Verbrauch kompensieren sie, indem sie Energiereserven die normalerweise zum Säugen der Jungen genutzt worden wären, nutzen um ihre Homöostase zu erhalten und ihr Überleben zu sichern (sicherstellen, dass die Wanderung zu den Nahrungshabitaten körperlich geleistet werden kann). Steigt die Zahl von Interaktionen mit Booten an, wird mehr Energie zur Aufzucht von Jungen entzogen um die Homöostase der Mutter zu erhalten und gefährdet so das Überleben des Kalbes.

9. AUSWIRKUNGEN UNTER EINZELNEN FAKTOREN

In den Kapiteln zuvor wurden die Arten von Auswirkungen durch Whale-Watching beschrieben und erklärt, wodurch es zu diesen kommt. In diesem Kapitel sollen die einzelnen Faktoren, die maßgeblich bestimmen, wie das Ausmaß einer solchen Auswirkung ausfällt, separat dargestellt werden.

9.1 Konsequenzen der Störung in Nahrungshabitaten

Halten sich Wale in ihren Nahrungshabitaten auf, nutzen sie jede Chance Energie aufzunehmen. Daher bedeutet jede Störung während dieser Saison (bei wandernden Walen) oder Phase, einen Verlust der Kondition die der Wal ohne diese Störung hätte aufbauen können. Man kann daher davon ausgehen, dass sich dies auf die Überlebensfähigkeit des Individuums auswirkt. Individuen zeigen eine Heterogenität in ihren Nahrungshabitaten, je nach Erfolg bei der Nahrungssuche. So verlängern manche ihren Aufenthalt in diesen Gebieten oder lassen eine Wanderung komplett ausfallen, wenn das nötige Energiebudget nicht erreicht wurde (CRAIG & HERMAN 1997). Es gibt also einen hohen Selektionsdruck, Erfolg während der Saison zur Nahrungsaufnahme zu haben. Es ist ein Schlüsselfaktor bei der Fähigkeit die langen Wanderungen zu überleben. Wale gehören zu den K-Strategen, was bedeutet , dass sie langlebig sind und eine langsame Reproduktionsrate haben. Dies führt dazu, dass ihr Organismus darauf ausgelegt ist, das Überleben des Individuums um jeden Preis sicherzustellen. Wale müssen also ein Mindestmaß an Energiereserve anlegen, während sie sich in ihren Nahrungsgebieten aufhalten. Boote stören diese Nahrungsaufnahme nicht nur, sie erhöhen auch den Energieverbrauch, da Wale vermehrt wegschwimmen wenn Boote in der Nähe auftauchen oder diese ausmanövrieren. Bis zu einem gewissen Ausmaß können sich Wale auf Boote einstellen und die Verluste durch neue Strategien kompensieren. Werden es jedoch zu viele Störungen, können die Wale ihren körperlichen Ansprüchen nicht mehr gerecht werden und die Überlebensrate sinkt (WILLIAMS et al. 2006).

9.2 Habitatwechsel aufgrund von Störungen

Wenn Ausweichen und Ausmanövrieren als Taktiken nicht mehr erfolgreich sind, da die Dichte an Booten zu hoch ist, ziehen es einzelne Wale vor ein Habitat langfristig zu verlassen (LUSSEAU 2004). Wann dieser Übergang zwischen einer kurzzeitigen Meidung zu einer langzeitigen Aufgabe eines Habitats stattfindet, hängt von den Vor- und Nachteilen ab, welche in dem Gebiet vorliegen (ROSENZWEIG 1981). Die Verfügbarkeit von Beute und das Risiko selbst zu einer zu werden, beeinflussen die Nutzung eines Habitats, wobei letzteres eine untergeordnetere Rolle spielt (WIRSING et al. 2008, HEITHAUS & DILL 2006). Individuen verbringen mehr Zeit an Orten, an denen sie verhältnismäßig leicht Beute finden und selbst nicht so leicht von Raubfeinden gefunden werden können. Demnach wird ein Habitat danach ausgesucht, wie es sich auf das Energiebudget und auf die Chancen zu Überleben auswirkt. Wale verbringen ihre Zeit in Gebieten, die die Energieaufnahme erhöhen, bei geringen Energieausgaben und Möglichkeiten bieten ihre Energie sinnvoll zu investieren, ohne dabei das Überleben zu gefährden. Wird eine Umgebung gefährlicher, verlassen Individuen auch beutereiche Gebiete, um das Risiko der Mortalität zu minimieren (HEITHAUS & DILL 2002).

Auf diesen Grundlagen aufbauend, kann ein durch Boote ausgelöstes Verlassen eines Gebietes aus zwei Mechanismen hervorgehen. Erstens können Ausweichmanöver zu kraftraubend werden, im Vergleich dazu wieviel Energie in dem Gebiet gewonnen werden kann. Zweitens kann die Interaktion mit Booten als ein Risiko wahrgenommen werden (z.B. indem durch Kollisionen ein Tod des Tieres entstehen könnte). In diesem Fall verlassen Individuen ein Gebiet sogar, wenn die Energiebilanz trotz Bootsinteraktionen positiv ausfällt.

In beiden Fällen verlassen die Tiere ein bevorzugtes Gebiet. Wie häufig das passiert, die Art von Habitaten zwischen denen ein Individuum wechselt und inwieweit der Wal in der Lage ist, Einbußen zu kompensieren, beeinflusst wie sich Boote und damit Whale-Watching letztlich auf die Wale auswirken.

Boote fahren meist Orte an, an denen die Wale sich sehr wahrscheinlich aufhalten. Das Beobachten von Walen bei Aktivitäten welche sie in ihren Habitaten durchführen, gilt als ökonomisch erstrebenswert. Ein spezielles Verhalten zu beobachten, stellt Touristen besonders zufrieden (ANWAR et al. 2007). Dies führt letztlich dazu, dass Wale in ihren bevorzugten Habitaten aufgesucht werden und nicht während sie sich z.B. auf Wanderungen befinden.

Bei Walen die sich das ganze Jahr in denselben Habitaten aufhalten, kann es zu einer Heterogenität bei der Nutzung der Gebiete kommen. Z.B. kann sich der Fang von Beute verringern (HASTIE et al. 2004) oder Jäger meiden gewisse Gebiete (LUSSEAU & HIGHAM 2003, HEITHAUS & DILL 2006). Die Hotspots an denen sich die ansässigen Wale aufhalten, weisen oft unproportional hohe Interaktionen mit Booten auf, aufgrund der zuvor genannten sozioökonomischen Interessen (LUSSEAU & HIGHAM 2003). Die ansässigen Wale sind dann gezwungen weniger passende Habitate aufzusuchen (zum Ruhen, Nahrungssuche in gefährlicheren Gegenden oder weniger produktiven Gebieten) (WILLIAMS et al. 2006).

9.3 Auswirkungen auf die Gesamtpopulationszahl

Über Spezies hinweg tendieren die meisten Wale dazu sich überlappende Habitate zu nutzen. Daher sind Gruppen von Individuen (z.B. eine Gruppe von Delfinen) einer ähnlichen Belastung durch Boote ausgesetzt. Wie wahrscheinlich es ist, dass diese Belastung sich auf die gesamte Populationszahl auswirkt, hängt nicht nur davon ab, inwieweit sie sich auf die Gesundheit und Fitness der Tiere auswirkt, sondern auch wie groß der Anteil der Population ist, der der Belastung ausgesetzt ist.

So hat Whale-Watching z.B. ernsthafte Auswirkungen auf die Großen Tümmler in Shark Bay (BEJDER 2005, BEJDER et al. 2006), dennoch ist der Effekt auf die Gesamtpopulation gering, da die Interaktionen nur in kleinen Teilen der Reviere dieser Art stattfinden (LUSSEAU & BEJDER 2007). Im Gegensatz dazu ziehen sich in Doubtful Sound (Neuseeland) die Whale-Watching Trips durch das gesamte Revier der dort lebenden Großen Tümmler. Dies verhindert nicht nur, dass die Tiere einen wie unter Punkt 9.2 beschriebenen Habitatwechsel vornehmen können, auch sind alle Individuen dieser Population etwa gleich von den Störungen betroffen. Infolge dessen wird die Fitness der gesamten Population geschwächt und die Wachstumsrate der Gesamtpopulation sinkt (CURREY et al. 2009).

9.4 Abhängigkeit der Konsequenzen vom jeweiligen Habitat

Es gibt Populationen die einer hohen Rate an Störungen ausgesetzt sind, aber dennoch keine Anzeichen wie einen Populationsabfall aufzeigen. Andere Populationen wiederum verzeichnen einen signifikanten Abfall, obwohl sie nur einem sehr geringen Level an Störungen ausgesetzt sind. Die Großen Tümmler in Sarasota Bay (USA) treffen z.B. alle 6 min auf ein Boot, aber es gibt keine Belege für Auswirkungen auf die Fitness dieser Population (BUCKSTAFF 2006). In Doubtful Sound trifft ein Boot jede Stunde auf einen Großen Tümmler und die Auswirkungen dieser Interaktionen führen zu einem reduzierten Erfolg bei der Aufzucht von Kälbern (LUSSEAU et al. 2006). Hier liegt der ausschlaggebende Faktor in den zwei verschiedenen ökologischen Gegebenheiten. In Sarasota Bay gibt es im gesamten Gebiet und zu jeder Zeit ein homogenes Nahrungsangebot (BARROS & WELLS 1998). Die Population in Doubtful Sound ist hingegen auf einzeln verteilte, unbeständige Ressourcen angewiesen, welche auch regelmäßig erschöpft sind (LUSSEAU & WING 2006). In Sarasota Bay kann ein Delfin also eine unruhige Gegend verlassen und muss nicht weit reisen, um seine Aktivitäten fortzusetzen. In Doubtful Sound hingegen, müssen die Delfine sobald sie ein Gebiet zeitweise verlassen, weite Wege auf sich nehmen,

bevor sie ihre Aktivität wieder aufnehmen können (LUSSEAU & HIGHAM 2003).
An natürlichen Phänomenen lässt sich diese Theorie überprüfen. Durch eine giftige Algenblüte in Sarasota Bay von 2003-2007 gab es in dem Gebiet deutlich weniger Beute für die Delfine (GANNON et al. 2009, MCHUGH et al. 2011). Während dieser Zeit hatten weibliche Delfine eine unzureichende Energiezufuhr und daraus hervorgehend weniger Erfolg bei der Kälberaufzucht (MCHUGH et al. 2011, POWELL & WELLS 2011).
Ein weiteres Beispiel für den hohen Stellenwert der ökologischen Gegebenheiten sind die fischfressenden Schwertwale im Westen der USA und entlang der kanadischen Küste. Sie sind abhängig von Lachsen die nur in bestimmten Intervallen zu Flüssen zur Fortpflanzung durch das Gebiet der Schwertwale reisen (FORD et al. 2009). Unter diesen Umständen gibt es nur ein geringes Zeitfenster, in dem die Wale Energieverluste durch Whale-Watching ausgleichen können. So können Störungen während der Jagd zu einem kompletten Verlust an Nahrungsmöglichkeiten führen.
Wie sehr sich Whale-Watching auf ein Tier und damit auf längere Sicht auch auf die Populationsentwicklung auswirkt, hängt also stark davon ab, unter welchen Gegebenheiten das Tier lebt.

9.5 Auswirkungen auf Schulen

Delphinidae leben in Gruppen, was einige Vorteile für die Mitglieder dieser mit sich bringt. Es erhöht den Beuteerfolg pro Kopf und reduziert ebenso die Gefahr selbst Raubfeinden zum Opfer zu fallen (LUSSEAU et al. 2004). Daher verbleiben Individuen in ihren Schulen, solange die Vorteile, die durch das Leben in dieser Schule entstehen, überwiegen. Für K-Strategen überwiegt immer die unmittelbare Möglichkeit zu Überleben, gegenüber Fitnesseinbußen die sich in der Zukunft auswirken.
Aus diesem Grund bleiben auch Mütter in einer Schule, wenn sie ihr Überleben in Gefahr sehen, auch wenn dies zum Nachteil der Energie geht, welche sie ihrem Kalb widmen können (BELL 1980). Sie werden daher an Taktiken wie dem Ausmanövrieren von Booten weiterhin viel Energie investieren, selbst wenn die dafür benötigte Energie im Habitat nicht gedeckt wird und ziehen diese Energie von einer verminderten Säugung ihrer Kälber ab.
Keine Reaktion auf Boote zu zeigen, wie es einige andere Arten tun, ist für Wale durch das empfundene Gefühl eines Raubfeindes untypisch. Daraus hervorgehend verbleiben die Tiere meist in ihren Gruppen und Habitaten, investieren mehr Zeit in energietechnisch anspruchsvolle Aktivitäten und verzichten teils auf Nahrungssuche (LUSSEAU 2004, WILLIAMS et al. 2006). Dies führt zu einer veränderten Fitness, die für säugende Mütter dazu führen kann, dass sie Energie die fürs Säugen vorgese-

hen war, nutzen um ihre Homöostase zu erhalten. Die Populationszahl sinkt.

10. SCHUTZ STARK BEDROHTER ARTEN

Bedrohte Meeressäuger sind von verschiedenen inländischen und internationalen Gesetzen, Verträgen, gemeinschaftlichen Bemühungen von Nationen, Individuen und Organisationen geschützt. Manche schützen alle Meeressäuger, unabhängig von ihrem Gefährdungsstatus (z.B. US MMPA). Organisationen wie IUCN und CITES (The Convention on International Trade in Endangered Species of Wild Fauna and Flora), haben sich auf Arten spezialisiert, die global vom Aussterben bedroht sind. Die Entscheidung für welche Arten ein Schutzstatus erhoben wird, erfolgt meist nach den folgenden vier Kriterien: 1. Populationsgröße und Demographie, 2. Das Ausmaß mit welchem sich menschliche Aktivitäten direkt oder indirekt nachteilig auf die Art auswirken, 3. Die Wichtigkeit des Habitats zum Überleben der Art und 4. Das Ausmaß von Märkten und Handel um Produkte von der zu bewertenden Art. Auch quantitative Werte wurden entwickelt, um die Subjektivität bei der Bewertung einer Art zu minimieren (IUCN 2001, DEMASTER et al. 2004).

Der US ESA (Endangered Species Act) trat vor über 30 Jahren in Kraft und auch wenn über diese Zeit ein paar Verbesserungen vorgenommen wurden, ist die Verordnung und ihre Intention fast unverändert. Die Verordnung hat zum Ziel die Mittel sicherzustellen, die ein Ökosystem erhalten, von welchem bedrohte Arten abhängig sind und so deren Erhalt sicherzustellen...ein Programm zur Verfügung zu stellen, welches die bedrohten Arten schützt.

34 Meeressäugerpopulationen oder Arten haben zurzeit den Status 'bedroht', entweder gelistet in der ESA (List of Endangered and Threatened Wildlife and Plants) oder unter dem MMPA. Pläne zum Erhalt und der Regeneration wurden für 22 Arten entworfen. Weitere Pläne befinden sich in Bearbeitung.

Kritik gibt es einige. Ineffizienz der ESA, schlechte Umsetzung der Verordnungen und fehlendes Engagement von Managern. Probleme bestehen darin, angemessene Daten zu Populationen und deren Bedrohungen zu sammeln, neu auftauchende Bedrohungen korrekt aufzunehmen und Konflikte mit menschlichen Interessen zu regeln. Auch erholen sich Walpopulationen sehr langsam, was es schwer macht Erfolge einzuordnen.

Andere Länder unternehmen ähnliche Schritte zum Schutz bedrohter Meeressäuger. Jedoch sind in vielen Teilen der Welt Schutzmaßnahmen minimal bis nicht vorhanden. Auch fehlt es oft an einer beständigen Durchsetzung der existierenden Gesetzesgebung oder es gibt gar keine Gesetze (siehe Kapitel 4), so werden die weltweiten Bestrebungen bedrohte Arten zu schützen häufig durch Länder behindert, die nichts zum Schutz der Wale unternehmen (PERRIN et al. 2009).

11. DISKUSSION

Interaktionen mit Booten sind eine Variable die die Fitness von Walen und Delfinen beeinflussen kann. Whale-Watching stellt eine Teilmenge dieser Interaktionen dar. Wenn Raum dafür ist, können Individuen sich anpassen, entweder durch ihre Belastbarkeit oder durch Flexibilität ihrer Verhaltensweisen. Je beengter bzw. limitierter ihr Habitat jedoch bereits ist, desto weniger sind sie in der Lage, die Interaktionen ohne eine Beeinträchtigung ihrer Fitness zu überstehen. In diesem Fall greifen die Individuen auf Energiereserven zurück, welche nicht essentiell für ihr Überleben sind, wie Milchproduktion (weniger Erfolg bei der Aufzucht der Kälber) und Männchen reduzieren die Energie, welche für ihre Fortpflanzung vorgesehen war.

Wichtig ist es den Kontext zu betrachten, in welchem die Störungen entstehen, da sich daraus die Wahrscheinlichkeit von Problemen ableiten lässt. Nimmt man z.B. eine Delphinidae Population, welche begrenzten Zugang zu Futter hat und welche auf eine heterogen verteilte Beute angewiesen ist, wird diese mehr Probleme haben, Einbußen durch Störungen auszugleichen. Daraus abgeleitet ist es in diesem Fall wahrscheinlich, dass ein Effekt auf die Populationszahl eintritt. Gestörte und daraufhin verloren gegangene Nahrungsmöglichkeiten können hier nicht ersetzt werden. Auch stillende Weibchen in ihren Aufzuchthabitaten zu stören, kann durch den erhöhten Energieverbrauch durch vermehrte Bewegung, zu einem sinkenden Erfolg bei der Aufzucht der Kälber führen. Wale sind K-Strategen, was bedeutet, dass ihre Biologie so angelegt ist, dass sie das Überleben des erwachsenen Tieres an erste Stelle stellt (STEARNS 1977). Im Laufe der Evolution wurden durch Selektion Verhaltensstrategien gefördert, welche den Einfluss ökologischer Variationen auf die Überlebenswahrscheinlichkeit möglichst klein hielten.

Im evolutionären Kontext sind gezielte Bootsinteraktionen wie das Whale-Watching neue ökologisch einengende Bedingungen. Durch die K-Strategie wirken sich diese weniger auf die Überlebendenzahlen erwachsener Tiere aus, sondern müssen an anderen Fitnessparametern überprüft werden. Die Fähigkeit sich einer sich ändernden Umwelt anzupassen, ist eine Kraft, die die Dynamik aller Populationen dieses Planeten beeinflusst (PETCHEY et al. 1997). Diese Variabilität ist ein Schlüsselfaktor bei der Verhaltensökologie von Störungen, weil sie der Grundbaustein für die Fähigkeit eines Individuums ist, durch Störung verloren gegangene Möglichkeiten zu kompensieren. Solange Tiere in der Lage sind, die verschiedenen Arten von Energieeinbußen durch Störungen zu kompensieren, setzen diese normalerweise nicht ihre Fitness herab.

Abbildung 8 fasst all diese Verknüpfungen nochmal zusammen. Angefangen bei der auftretenden Störung. Hier sind wichtige Faktoren die Häufigkeit und Dauer dieser. Bei Lärm spielt außerdem die Höhe und Quelle eine Rolle. Je nach Ausprägung dieser Faktoren, führen diese zu Verhaltensänderungen. Sie beeinflussen die Orientierung und Kommunikation der Tiere, ihr Atem- und Tauchverhalten. Außerdem können sie Ruhephasen stören, Meidungsverhalten hervorrufen und Mutter und Kalb trennen. Dies wiederum kann unmittelbar wichtige Lebensfunktionen beeinflussen. So kann das Überleben selbst in Gefahr geraten oder zumindest so empfunden werden, sodass Reaktionen wie auf einen Raubfeind ausgelöst werden. Wanderungen, Fortpflanzung und Nahrungsaufnahme können ebenfalls eingeschränkt oder unterbunden werden. Ebenso kann die Versorgung der Kälber abnehmen. So werden wiederum lebenswichtige Funktionen beeinflusst. Dies ist stark vom Zustand des Individuums abhängig. Das Überleben, die Fortpflanzung und das Heranwachsen der Kälber kann negativ durch Störungen wie Whale-Watching beeinflusst werden. Dies führt bei häufigerem Auftreten zu Auswirkungen auf die Population. Das Wachstum der Population kann abnehmen, dadurch ändert sich auch die

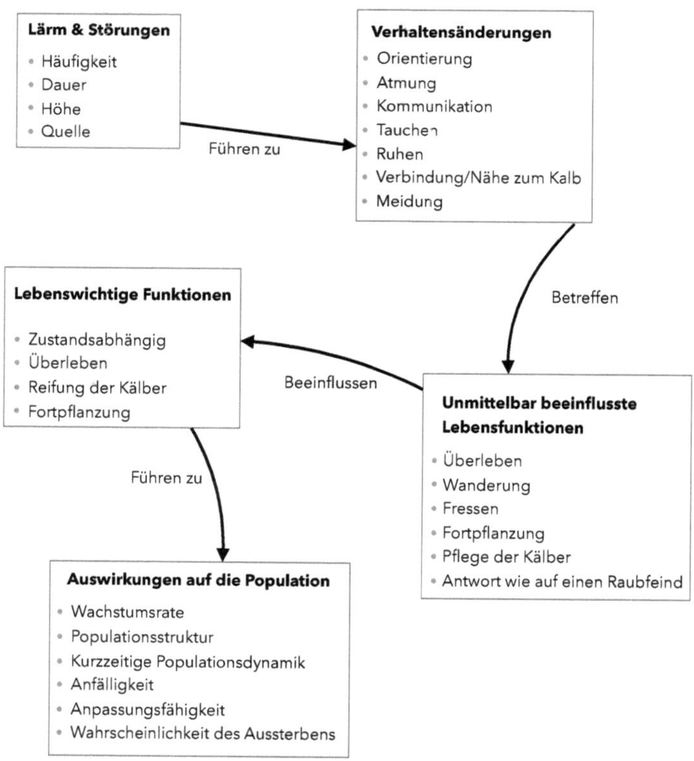

Abb. 8: Auswirkungen von Störungen auf Verhalten und Population (Eigene Darstellung nach LUSSEAU & BEJDER 2007: 233).

Struktur der Gruppe. Durch diese Veränderungen muss auch die Populationsdynamik neu entwickelt werden. Die Population kann anfälliger für Raubfeinde, Krankheiten etc. werden. Anpassungsfähigkeit ist in diesem Zusammenhang ein wichtiger Faktor und wirkt sich wesentlich darauf aus, wie dramatisch die Auswirkungen ausfallen. Letztlich kann eine Population in Gefahr geraten auszusterben, sollte sie nicht in der Lage sein, sich den neuen Gegebenheiten anzupassen.

Auch wenn sich Whale-Watching nicht in allen Fällen direkt auf die Wale auswirkt, kann es Einfluss auf das Ökosystem nehmen, in welchem diese leben. Die Wale müssen mehr jagen, um die fehlende Energie durch die Störungen zu kompensieren. Deswegen ist es wichtig, Whale-Watching unter vorsichtiger Planung durchzuführen, da es sich auf ein gesamtes Ökosystem auswirken kann und so z.B. auch Einfluss auf menschliche Aktivitäten wie die Fischerei nehmen kann. Je mehr Individuen zeitlich und/oder räumlich durch andere ökologische Gegebenheiten eingeschränkt sind, desto weniger werden sie die Möglichkeit haben, die Auswirkungen von Whale-Watching zu kompensieren und desto schneller werden Auswirkungen auf die Dynamik der Population sichtbar werden.

Wie in dieser Arbeit dargestellt wurde, haben nicht alle Tiere die Möglichkeit mit einer Verhaltensweise auf eine Störung zu antworten. In einigen Situationen kann eine Reaktion (eine Änderung der Aktivität oder das Verlassen eines Areals) als nicht lohnenswert erachtet werden. Manchmal sind Individuen aber auch einfach nicht in der Lage, sich auf einen neuen ökologischen Faktor einzustellen. Individuen in einer schlechten körperlichen Verfassung, müssen beispielsweise vielleicht das Risiko einer als Gefahr wahrgenommen Quelle ausgesetzt zu sein, in Kauf nehmen. Oder aber sie wandern unter Umständen in ein Habitat welches nur schlechte Konditionen bietet (BEALE & MONAGHAN 2004).

Dauerhafter Stress wirkt sich langfristig ebenfalls auf die Fitness aus, da er das Immunsystem schwächt (MÜLLNER et al. 2004, ELLENBERG et al. 2007).

Um ein nachhaltiges Whale-Watching gestalten zu können, ist es daher wichtig, den ökologischen Kontext zu betrachten, in welchem die Störungen auftreten. Das starke Wachstum der Whale-Watching Industrie, führt vielerorts zu von Booten eingekreisten Walen und auch an Orten wo die Anzahl erlaubter Schiffe in Nähe der Wale begrenzt ist, verlässt ein Boot den Ort und ein nächstes besetzt ihn. Was vielfach dazu führt, dass die Tiere nie ungestört sind (HIGHAM et al. 2014: 63).

Eine Aufstellung von Gesetzen und Beschränkungen ist daher unumgänglich. Dabei sollte als erstes betrachtet werden, welche Möglichkeiten die jeweilige Population hat, durch Whale-Watching entstehende Verluste zu kompensieren. Dafür muss die ökologische Umgebung der Population eingeordnet werden, besonders wichtig in diesem Kontext ist die Verfügbarkeit von Beute und das Risiko durch Raubfeinde.

Dann ist es wichtig die räumliche und zeitliche Variabilität dieser Faktoren aufzunehmen. Zum Schluss müssen noch spezifische Beeinträchtigungen von Individuen im jeweiligen Gebiet untersucht werden. Diese Beeinträchtigungen können z.B. durch das jeweilige Alter oder die Lebensphase (Wanderungen zur Nahrungssuche oder Aufzucht von Kälbern) entstehen.

Neben diesen Vorschriften, welche den grundsätzlichen Einfluss von Whale-Watching auf eine Population zu minimieren, wäre in vielen Fällen auch eine Variabilität innerhalb dieser Gesetze sinnvoll. Wenn eine Population z.B. räumlich eingeschränkt ist, z.B. dadurch das sie auf spezielle Hotspots für die Nahrungssuche angewiesen ist (HASTIE et al. 2004, HAUSER et al. 2007), dann wäre ein räumlicher Managementplan sinnvoll (z.B. mit Gebieten die von Booten nicht aufgesucht werden dürfen) (LUSSEAU & HIGHAM 2003). Ist eine Population durch zeitliche Variablen eingeschränkt, z.B. Beute die nur zu einer bestimmten Zeit am Tag verfügbar ist, sollte ein Managementplan zeitliche Variationen enthalten und ggf. Gebiete auch zeitweise sperren (BENOIT-BIRD & AU 2003).

Um nachhaltiges Whale-Watching möglich zu machen, müssen Gesetze für jede Population gezielt entworfen werden. Es müssen die kumulativen Belastungen jeder Population betrachtet werden, um das Risiko eines Populationsabfalls zu minimieren. Ist eine Population z.B. bereits vielen ökologischen Belastungen ausgesetzt, mag es in solchen Fällen sinnvoll sein, Whale-Watching zu unterbinden oder zumindest stark einzuschränken. Selbstverständlich müssen diese Gesetze dann auch entsprechend rechtlich verfolgt werden. Das dieser gesamte Bereich bisher unzureichend abgedeckt ist, wurde in Kapitel 4 detailliert dargestellt. Nachhaltiges Whale-Watching ist nur mit Managementplänen und Gesetzen möglich, welche kurzfristig weniger oder anderes Whale-Watching verfolgen (global gesehen) und damit langfristig ein nachhaltiges Whale-Watching erschaffen. Dieses sollte sich wenig auf das Verhalten der Wale auswirken und zumindest beachten, dass diese Verluste kompensieren können.

12. FAZIT

Die Auswirkungen von Whale-Watching auf Wale entstehen aus einem komplexen System heraus. Dieses System kann sehr unterschiedlich sein, je nach den Konditionen unter denen die betroffene Population lebt (FOLKE et al. 2004, SCHEFFER et al. 2009).

In dieser Bachelorarbeit wurde dargestellt, dass es Fälle gibt, in denen Veränderungen der Fitness einer Population aufgetreten sind. Daher ist davon auszugehen, dass Whale-Watching zu einer Veränderung der Populationsdynamik führen kann. Es gibt Studien die dies klar belegen. So z.B. der Fall der Großen Tümmler in Doubtfoul Sound, wo ein kontinuierlicher Abfall des Erfolgs bei der Aufzucht der

Kälber beobachtet werden konnte. Dies wiederum wirkte sich auf das Populationswachstum aus und führte zum momentanen IUCN Status ‚çritical endangered' (CURREY et al. 2009a, 2009b).

Auch wenn nicht direkt Hauptthema dieser Bachelorarbeit, soll an dieser Stelle dennoch angesprochen werden, welchen Vorteil Whale-Watching für die Wale bringen kann. Es bietet die Möglichkeit zum Schutz der Wale und ihrer Natur beizutragen, da es die Chance bietet den Millionen von Touristen die jährlich mit Walen interagieren, effektiv Wissen über die Tiere und ihre Bedrohungen zu vermitteln. Langfristig ist dies auch im Sinne der Touranbieter, da die Menschen vor Ort nur Geld verdienen können, wenn die Ressource Wal erhalten bleibt. Auch in strukturarmen Regionen können Arbeitsplätze und ein Verständnis für Wale und Natur geschaffen werden.

Tabelle 3 stellt alle in dieser Arbeit genannten Pro- und Contra-Punkte zusammenfassen dar. Hier zeigt sich, dass im Whale-Watching viel Potenzial steckt. Die Punkte der Contra-Seite, können durch einen verantwortungsvollen, nachhaltigen Umgang minimiert werden. So könnten sowohl Wale als auch Menschen von dieser Branche profitieren.

Ein gut durchdachtes und aufbereitetes Informationsangebot sollte Teil jeder Tour sein, um möglichst viele Touristen dazu zu bewegen, sich auch nach ihrer Tour für den Erhalt der Meere und Wale einzusetzen. Menschen die nie einen Wal real gesehen haben, werden sich meist nicht ambitioniert fühlen, etwas für diese unbekannten Tiere zu tun. Über die emotionale Verbindung durch ein Erlebnis, ist hier ein großes sonst nicht vorhandenes Potenzial zu sehen.

Und Whale-Watching stellt gegenüber Aquarien eine wesentlich humanere Methode dieses realen Erlebnisses dar.

Letztlich brauchen die Wale Menschen, die sich für sie einsetzen, da sie ansonsten in der heutigen Zeit vielerorts durch Umweltschäden, finanzielle Interessen und Fischerei vollkommen unbeachtet verdrängt werden würden.

Tab. 3: Pro- und Contra Tabelle zum Whale-Watching (Eigene Darstellung).

VORTEILE	NACHTEILE
Bildung und Sensibilisierung für den Schutz der Wale und der Meere bei Touristen und der Lokalbevölkerung	Auswirkungen auf das Verhalten der Wale
Sammlung von Forschungsdaten	Populationsabfall
Alternative Einnahmequelle zum Walfang	Erhöhte Kälbersterblichkeit
Einnahmequelle mit viel Potenzial für bisher wenig entwickelte Regionen	Gefahr von Kollisionen
Möglichkeit die Tiere real zu sehen, ohne Gefangenschaft dieser	Habitatverdrängung
	Umweltbelastung
	Störung von Ökosystemen
	Ausbau von Infrastruktur in bisher wenig berührten Gebieten

13. QUELLENVERZEICHNIS

13.1 Literaturverzeichnis

ALLEN S, SMITH H, WAPLES K & HARCOURT R. 2007. The voluntary code of conduct for dolphin watching in Port Stephens, Australia: is self-regulation an effective management tool? *J. Cetacean Res. Manage* 9 (2): 159-166.

ANWAR SM, JEANNERET CA, PARROTT L & MARCEAU DJ. 2007. Conceptualization and implementation of a multi-agent model to simulate whale-watching tours in the St. Lawrence Estuary in Quebec, Canada. *Environmental Modelling & Software* 22: 1775-1787.

AYRES KL, BOOTH RK, HEMPELMANN JA, et al.. 2012. Distinguishing the Impacts of Inadequate Prey and Vessel Traffic on an Endangered Killer Whale (Orcinus orca) Population. *PLoS ONE 7(6)*: 1-12.

BAIN DE. 2002. *A model linking energetic effects of whale watching to killer whale (Orcinus orca) population dynamics*. University of Washington: 1-23.

BAIN DE, WILLIAMS R & TRITES AW. 2014. *Energetic linkages between short-term and long-term effects of whale-watching disturbance on cetaceans: An example drawn from northeast Pacific resident killer whales*. Cambridge: Cambridge.

BARROS NB & RANDALL SW. 1998. Prey and Feeding Patterns of Resident Bottlenose Dolphins (Tursiops truncatus) in Sarasota Bay, Florida. *Journal of Mammalogy* 79(3): 1045-1059.

BEALE CM & MONAGHAN P. 2004. Behavioural responses to human disturbance: a matter of choice? *Animal Behaviour* 68: 1065-1069.

BEJDER L & SAMUELS A. 2003. Evaluating the effects of nature-based tourism on cetaceans. *Marine mammals: fisheries, tourism and management*: 229-256.

BEJDER L. 2005. Linking short and long-term effects of nature-based tourism on cetaceans. *Dalhousie University*: 1-158.

BEJDER L, SAMUELS A, WHITEHEAD H & GALES N. 2006. Interpreting short-term behavioural responses to disturbance within a longitudinal perspective. *Animal Behaviour* 72(5): 1-10.

BEJDER L, SAMUELS A, WHITEHEAD H, FINN H & ALLEN S. 2009. Impact assessment research: use and misuse of habituation, sensitisation and tolerance in describing wildlife responses to anthropogenic stimuli. *Marine Ecology Progress Series* 395: 177–185.

Bell G. 1980. The costs of reproduction and their consequences. *American Naturalist* 116(1): 45-76.

Benoit-Bird KJ & Au WWL. 2003. Prey dynamics affect foraging by a pelagic predator. *Behavioral Ecology and Sociobiology* 53: 364-373.

Berrow SD. 2003. Developing sustainable whalewatching in the Shannon Estuary. *Marine ecotourism: issues and experiences*: 198-203.

Buckstaff KC. 2006. Effects of watercraft noise on the acoustic behavior of bottlenose dolphins, Tursiops truncatus, in Sarasota Bay, Florida. *Marine Mammal Science* 20(4): 709-725.

Cisneros-Montemayor AM, Sumalia UR, Kaschner K & Pauly D. 2010: The global potential for whale watching. *Marine Policy*: 1-6.

Clapham P, Mikhalev Y, Franklin W, et al.. 2009. Catches of Humpback Whales, Megaptera novaeangliae, by the Soviet Union and Other Nations in the Southern Ocean, 1947–1973. *Marine Fisheries Review* 71(1): 39-43.

Constantine R. 2001. Increased avoidance of swimmers by wild bottlenose dolphins (Tursiops truncatus) due to long-term exposure to swim-with-dolphin tourism. *Marine Mammal Science* 17(4): 689-702.

Constantine R, Brunton DH, Dennis T. 2003. Dolphin-watching tour boats change bottlenose dolphin (Tursiops truncatus) behaviour. *Biological Conservation* 117: 299-307.

Corkeron PJ. 1995. Humpback whales (Megaptera novaeangliae) in Hervey Bay, Queensland: behaviour and responses to whale-watching vessels. *Canadian Journal of Zoology*: 1290-1299.

Christansen F, Lusseau F, Stensland E & Berggren P. 2010. Effects of tourist boats on the behaviour of Indo-Pacific bottlenose dolphins off the south coast of Zanzibar. *Endangered Species Research* 11: 91-99.

Courbis S & Timmel G. 2009. Effects of vessels and swimmers on behavior of Hawaiian spinner dolphins (Stenella longirostris) in Kealake'akua, Honaunau, and Kauhako bays, Hawai'i. *Marine Mammal Science* 25(2): 430-440.

Craig AS & Herman LM. 1997. Sex differences in site fidelity and migration of humpback whales (Megaptera novaeangliae) to the Hawaiian Islands. *Canadian Journal of Zoology* 75(11): 1923-1933.

Currey RJC, Dawson SM, Slooten E, et al.. 2009a. Survival rates for a declining population of bottlenose dolphins in Doubtful Sound, New Zealand: an information theoretic approach to assessing the role of human impacts. *Aquatic Conservation - Marine and Freshwater Ecosystems* 19: 658-670.

CURREY RJC, DAWSON SM & SLOOTEN E. 2009b. An approach for regional threat assessment under IUCN Red List criteria that is robust to uncertainty: The Fiordland bottlenose dolphins are critically endangered. *Biological Conservation* 142: 1570-1579.

DANIL K, MALDINI D & MARTEN K. 2005. Patterns of Use of Maku'a Beach, O'ahu, Hawai'i, by Spinner Dolphins (Stenella longirostris) and Potential Effects of Swimmers on Their Behavior. *Aquatic Mammals* 31(4): 403-412.

DE SWART RL, ROSS PS, VOS JG, et al.. 1996. Impaired Immunity in Harbour Seals (Phocavitulina) Exposed to Bioaccumulated Environmental Contaminants: Review of a Long-term Feeding Study. *Environmental Health Perspectives* 104: 823-828.

DELFOUR F. 2007. Hawaiian spinner dolphins and the growing dolphin watching activity in Oahu. *Journal of the Marine Biological Association of the United Kingdom* 87: 109-112.

DOUGLAS AB, CALAMBOKIDIS J, RAVERTY S, et al.. 2007. Incidence of ship strikes of large whales in Washington State. *Journal of the Marine Biological Association of the United Kingdom*: 1-12.

DUFFUS DA & DEARDEN P. 1990. Non-consumptive wildlife-oriented recreation: A conceptual framework. *Biological Conservation* 53: 213-231.

D'VINCENT CG, NILSON RM & HANNA RE. 1985. Vocalization and coordinated feeding behavior of the humpback whale in southeastern Alaska. *Scientific Reports of the Whales Research institute* 36: 41-47.

ELLENBERG U, SETIAWAN AN, CREE A, HOUSTON DM & SEDDON PJ. 2007. Elevated hormonal stress response and reduced reproductive output in Yellow-eyed penguins exposed to unregulated tourism. *General and Comparative Endocrinology* 152: 54-63.

ERBE C. 2002. Underwater noise of whale-watching boats and potential effects on killer whales (Orcinus orca), based on an acoustic impact model. *Marine Mammal Science* 18(2): 394-418.

FOLKE C, CARPENTER S, WALKER B, et al.. 2004. Regime Shifts, Resilience, and Biodiversity in Ecosystem Management. *Annual Review of Ecology, Evolution, and Systematics* 35: 557-581.

Ford JK, Ellis GM & Balcomb KC. 2000. *Killer Whales: The Natural History and Genealogy of Orcinus Orca in British Columbia and Washington State*. Washington: University of Washington Press.

Ford JKB, Ellis GM, Olesiuk PF & Balcomb KC. 2009. Linking killer whale survival and prey abundance: food limitation in the oceans' apex predator? *Biology Letters* 6: 139-142.

Frid A & Dill L. 2002. Human-caused Disturbance Stimuli as a Form of Predation Risk. *Conservation Ecology* 6(1): 11.

Gannon DP, Berens McCabe EJ, Camilleri SA, et al.. 2009. Effects of Karenia brevis harmful algal blooms on nearshore fish communities in southwest Florida. *Marine Ecology Progress Series* 378: 171-186.

Garrod B & Fennell DA. 2004. An analysis of whale-watching codes of conduct. *Annals of Tourism Research* 31(2): 334-352.

Gjerdalen G & Williams PW. 1999. An Evaluation of the Utility of a Whale Watching Code of Conduct. *Tourism Recreation Research* 25(2): 27-37.

Hartel EF. 2010. *Habitat Use by Bottlenose Dolphins (Tursiops truncatus) in the Bay of Islands, New Zealand*. University of Auckland: 1-81.

Hastie GD, Wilson B, Wilson LJ, et al. (2004): Functional mechanisms underlying cetacean distribution patterns: hotspots for bottlenose dolphins are linked to foraging. *Marine Biology* 144: 397-403.

Hauser DDW, Logsdon MG, Holmes EE, et al.. 2007. Summer distribution patterns of southern resident killer whales Orcinus orca: core areas and spatial segregation of social groups. *Marine Ecology Progress Series* 351: 301-310.

Heithaus MR & Dill LM. 2002. Food availability and tiger shark predation risk influence bottlenose dolphin habitat use. *Ecology* 83(2): 480-491.

Heithaus MR & Dill LM. 2006. Does tiger shark predation risk influence foraging habitat use by bottlenose dolphins at multiple spatial scales? *Oikos* 114: 257- 264.

Higham JES & Bejder L. 2006. Wildlife-based tourism: Edging slowly towards sustainability? *Current Issues in Tourism* 11(1): 75-83.

Higham JES. 2007. *Critical issues in ecotourism: Understanding a complex tourism phenomenon*. Oxford: Butterworth-Heinemann.

Higham JES & Lusseau D. 2008. Slaughtering the goose that lays the golden egg: Are whaling and whale-watching mutually exclusive? *Current Issues in Tourism* 11

(1): 63-74.

Higham JES, Bejder L & Williams R. 2014. *Whale-Watching - Sustainable tourism and ecological management*. Cambridge: Cambridge.

Hooker SK & Gerber LR. 2004. Marine Reserves as a Tool for Ecosystem-Based Management: The Potential Importance of Megafauna. *BioScience* 54(1): 27-39.

Holt MM. 2008. Sound Exposure and Southern Resident Killer Whales (Orcinus orca): A Review of Current Knowledge and Data Gaps. *NOAA technical memorandum NMFS* 89: 1-77.

Hoyt E. 2001. *Whale Watching 2001: Worldwide tourism numbers, expenditures, and expanding socioeconomic benefits.* International Fund for Animal Welfare: 1-158.

Hoyt E. 2005a. *Marine Protected Areas for Whales, Dolphins and Porpoises: A World Handbook for Cetacean Habitat Conservation and Planning*. Oxon: Earthscan.

Hoyt E. 2005b, *Marine Protected Areas for Whales, Dolphins and Porpoises: The State of Cetacean Habitat at Protection and MPA Management Worldwide*. WDCS, the Whale and Dolphin Conservation Society: 1-5.

Hoyt E. 2017. *Encyclopedia of Whales, Dolphins and Porpoises*. Richmond Hill: Firefly Books.

International Fund For Animal Welfare (IFAW), World Wildlife Fund (WWF) & Whale And Dolphin Conservation Society (WDCS). 1997. *Report of the International Workshop on the Educational Values of Whale Watching*. Massachusetts: IFAW.

International Whaling Commission (IWC). 2005. *Report of the Sub-Committee on Whale-Watching*. Woods Hole: IWC.

Jelinski DE, Krueger CC & Duffus DA. 2002. Geostatistical analyses of interactions between killer whales (Orcinus orca) and recreational whale-watching boats. *Applied Geography* 22: 393-411.

Jensen FH, Bejder L, Wahlberg M, et al.. 2009. Vessel noise effects on delphinid communication. *Marine Ecology Progress Series* 395: 161-175.

Keane A, Ramarolahy AA, Jones JPG & Milner-Gulland EJ. 2010. Evidence for the effects of environmental engagement and education on knowledge of wildlife laws in Madagascar. *Conservation Letters* 4: 55-63.

Kessler M & Harcourt R. 2013. Whale watching regulation compliance trends and the implications for management off Sydney, Australia. *Marine Policy* 42: 14-19.

Knight J. 2009. Making Wildlife Viewable: Habituation and Attraction. *Society and Animals* 17: 167-184.

Krützen M, Sherwin WB, Connor RC, et al.. 2002. Contrasting relatedness patterns in bottlenose dolphins (Tursiops sp.) with different alliance strategies. *The Royal Society* 270: 497–502.

Kruse S. 1991. The interactions between killer whales and boats in Johnstone Strait, BC. Dolphin Societies: *Discoveries and Puzzles* 1998: 149-161.

Lachmuth CL, Barrett-Lennard LG, Milsom WK & Steyn DG. 2011. *Estimation of southern resident killer whale exposure to exhaust emissions from whale-watching vessels and potential adverse health effects and toxicity thresholds.* University of British Columbia: 1.

Lesage V, Barrette C, Kingsley MCS, Sjare B. 1999. The effect of vessel noise on the vocal behavior of belugas in the St. Lawrence River estuary, Canada. *Marine Mammal Science* 15(1): 65-84.

Lundquist D, Gemmell NJ, Würsig B & Markowitz T. 2013. Dusky dolphin movement patterns: short-term effects of tourism. *New Zealand Journal of Marine and Freshwater Research* 47(4): 430-449.

Lusseau D. 2003. Effects of tour boats on the behavior of bottlenose dolphins: using Markov chains to model anthropogenic impacts. *Conservation Biology* 17(6): 1785-1793.

Lusseau D & Higham JES. 2003. Managing the impacts of dolphin-based tourism through the definition of critical habitats: the case of bottlenose dolphins (Tursiops spp.) in Doubtful Sound, New Zealand. *Tourism Management* 25: 657-667.

Lusseau D. 2004. The Hidden Cost of Tourism: Detecting Long-term Effects of Tourism Using Behavioral Information. *Ecology and Society* 9(1): 2.

Lusseau D, Williams RJ, Wilson B, et al.. 2004. Parallel influence of climate on the behaviour of Pacific killer whales and Atlantic bottlenose dolphins. *Ecology Letters* 7: 1068–1076.

Lusseau D. 2006. The short-term behavioral reactions of bottlenose dolphins interactions with boats in Doubtful Sound, New Zealand. *Marine Mammal Science* 22(4): 802-818.

Lusseau D, Slooten E & Currey RJC. 2006. Unsustainable dolphin-watching tourism in Fiordland, New Zealand. *Tourism in Marine Environments in press*: 1-5.

Lusseau SM & Wing SR. 2006. Importance of local production versus pelagic subsidies in the diet of an isolated population of bottlenose dolphins Tursiops sp.. *Marine Ecology Progress Series* 321: 283-293.

Lusseau D & Bejder L. 2007. The Long-term Consequences of Short-term Responses to Disturbance Experiences from Whalewatching Impact Assessment. *International Journal of Comparative Psychology* 20: 228-236.

Lusseau D, David EB, Williams R & Smith JC. 2009. Vessel traffic disrupts the foraging behavior of southern resident killer whales Orcinus orca. *Endangered Species Research* 6: 211-221.

Magalhaes S, Prieto R, Silva MA, et al.. 2002. Short-term reactions of sperm whales (Physeter macrocephalus) to whale-watching vessels in the Azores. *Aquatic Mammals* 28(3): 267-274.

Mann J & Smuts BB. 1998. Natal attraction: allomaternal care and mother–infant separations in wild bottlenose dolphins. *Animal Behaviour* 55: 1097-1113.

Mann J, Connor RC, Tyack PL & Whitehead H. 2000. *Cetacean Societies: Field Studies of Dolphins and Whales*. Chicago: The University of Chicago Press.

McClung MR, Seddon PJ, Massaro M & Setiawan AN. 2003. Nature-based tourism impacts on yellow-eyed penguins Megadyptes antipodes: does unregulated visitor access affect fledging weight and juvenile survival? *Biological Conservation* 119: 279-285.

McHugh KA, Allen JB, Barleycorn AA & Wells RS. 2011. Severe Karenia brevis red tides influence juvenile bottlenose dolphin (Tursiops truncatus) behavior in Sarasota Bay, Florida. *Marine Mammal Science* 27(3): 622-643.

McMahon CR, Burton HR & Bester MN. 2000. Weaning mass and the future survival of juvenile southern elephant seals, Mirounga leonina, at Macquarie Island. *Antarctic Science* 12(2): 149-153.

Morton AB & Symonds HK. 2002. Displacement of Orcinus orca (L.) by high amplitude sound in British Columbia, Canada. *ICES Journal of Marine Science* 59: 71-80.

Müllner A, Linsenmair KE & Wikelski M. 2004. Exposure to ecotourism reduces survival and affects stress response in hoatzin chicks (Opisthocomus hoazin). *Biological Conservation* 118: 549-558.

Nellemann C, Jordhoy P, Stoen OG & Strand O. 1999. Cumulative Impacts of Tourist Resorts on Wild Reindeer (Rangifer tarandus tarandus) during Winter. *Arctic* 53(1): 9-17.

Norris KS, Wursig B, Wells RS & Wursig M. 1994. *The Hawaiian Spinner Dolphin*. Berkeley, Los Angeles, London: University of California Press.

Nowacek SM, Wells RS & Solow AR. 2001. Short-Term Effects of Boat Traffic on Bottlenose Dolphins, Tursiops Truncatus in Sarasota Bay, Florida. *Marine Mammal Science* 17(4): 673-688.

O'connor S, Campbell R, Cortez H & Knowles T. 2009. *Whale Watching Worldwide: tourism numbers, expenditures and expanding economic benefits, a special report from the International Fund for Animal Welfare*. International Fund for Animal Welfare: 1-293.

Parsons ECM. 2012. The Negative Impacts of Whale-Watching. *Journal of Marine Biology* 2012: 1-9.

Parsons ECM, Bauer A, McCafferty D, Simmonds MP & Wright AJ. 2013. *Marine Mammal Biology and Conservation*. Burlington: Jones & Bartlett Learning.

Pauly D, Christensen V, Guenette S, et al.. 2002. Towards sustainability in world fisheries. *Nature* 418: 689-695.

Perrin WF, Würsig B & Thewissen JGM. 2009. *Encyclopedia of Marine Mammals*. Kanada: Academic Press publications.

Petchey OL, Gonzalez A & Wilson HB. 1997. Effects on population persistence: the interaction between environmental noise colour, intraspecific competition and space. *Proceeding of the Royal Society* B 264: 1841-1847.

Pirotta E, Merchant ND, Thompson PM, et al.. 2014. Quantifying the effect of boat disturbance on bottlenose dolphin foraging activity. *Biological Conservation* 181: 82-89.

Powell JR & Wells RS. 2011. Recreational fishing depredation and associated behaviors involving common bottlenose dolphins (Tursiops truncatus) in Sarasota Bay, Florida. *Marine Mammal Science* 27(1): 111-129.

Richardson WJ, Greene CR, Malme C & Thomson DH. 1995. *Marine Mammals and Noise*. San Diego: Academic Press.

Richter C, Dawson S & Slooten E. 2006. Impacts of commercial whale watching on male sperm whales at Kaikoura, New Zealand. *Marine Mammal Science* 22(1):

46-63.

Rolland RM, Parks SE, Hunt KE, et al.. 2012. Evidence that ship noise increases stress in right whales. *Proceedings Of The Royal Society* 279: 2363-2368.

Rosenzweig ML. 1981. A theory of habitat selection. *Ecology* 62(2): 327-335.

Scarpaci C, Bigger SW, Corkeron PJ & Nugegoda D. 2000. Bottlenose dolphins (Tursiops truncatus) increase whistling in the presence of 'swim-with-dolphin' tour operations. *Journal of Cetacean Research and Management* 2(3):183-185.

Scarpaci C, Dayanthi N & Corkeron PJ. 2003. Compliance with Regulations by "Swim-with-Dolphins" Operations in Port Phillip Bay, Victoria, Australia. *Environmental Management* 31(3): 342-347.

Schaffar A, Garrigue C & Constantine R. 2010. Exposure of humpback whales to unregulated whalewatching activities in their main reproductive area in New Caledonia. *Journal of Cetacean Research and Management* 11(2): 147-152.

Scheffer M, Bascompte J, Brock WA, et al.. 2009. Early-warning signals for critical transitions. *Nature* 461: 53-59.

Stalmaster MV & Newman JR. 1978. Behavioral Responses of Wintering Bald Eagles to Human Activity. *The Journal of Wildlife Management* 42: 506-513.

Stamation KA, Croft DB, Shaughnessy PD, et al.. 2010. Behavioral responses of humpback whales (Megaptera novaeangliae) to whale-watching vessels on the southeastern coast of Australia. *Marine Mammal Science* 26(1): 98-122.

Stearns SC. 1977. The Evolution of Life History Traits: A Critique of the Theory and a Review of the Data. *Annual Review of Ecology and Systematics* 8: 145–171.

Steckenreuter A, Möller L & Harcourt R. 2011. How does Australia's largest dolphin-watching industry affect the behaviour of a small and resident population of Indo-Pacific bottlenose dolphins? *Journal of Environmental Management* 97: 14-21.

Steckenreuter A, Harcourt R & Möller L. 2012. Are Speed Restriction The Journal of Wildlife Management Zones an effective management tool for minimising impacts of boats on dolphins in an Australian marine park? *Marine Policy* 36: 258-264.

Stensland E & Berggren P. 2007. Behavioural changes in female Indo-Pacific bottlenose dolphins in response to boat-based tourism. *Marine Ecology Progress Series* 332: 225-234.

Van Parijs SM & Corkeron PJ. 2001. Boat traffic affects the acoustic behaviour of Pacific humpback dolphins, Sousa chinensis. *Journal of Marine Biology* 81: 533-538.

Washington Department Of Fisheries, Washington Department Of Wildlife & Western Washington Treaty Indian Tribes. 1993. *1992 Salmon and Steelhead Stock Inventory (SASSI) ‚Bluebook'.* Washington Department of Fish and Wildlife: 1-205.

Weinrich M & Corbelli C. 2009. Does whale watching in Southern New England impact humpback whale (Megaptera novaeangliae) calf production or calf survival? *Biological Conservation* 142(12): 2931-2940.

Wiener CS, Needham MD & Wilkinson PF. 2008. Hawaii's real life marine park: interpretation and impacts of commercial marine tourism in the Hawaiian Islands. *Current Issues in Tourism* 12: 489-504.

Wiley DN, Moller JC, Pace III RM & Carlson C. 2007. Effectiveness of Voluntary Conservation Agreements: Case Study of Endangered Whales and Commercial Whale Watching. *Conservation Biology* 22(2): 450-457.

Williams R, Trites AW & Bain DE. 2002. Behavioural responses of killer whales (Orcinus orca) to whale-watching boats: opportunistic observations and experimental approaches. *Journal of Zoology* 256: 225-270.

Williams R, Lusseau D & Hammond PS. 2006. Estimating relative energetic costs of human disturbance to killer whales (Orcinus orca). *Biological Conservation* 133(3): 301-311.

Williams R, Bain DE, Smith JC & Lusseau D. 2009a. Effects of vessels on behaviour patterns of individual southern resident killer whales *Orcinus orca. Endangered Species Research* 6: 199-209.

Williams R, Lusseau D & Hammond PS. 2009b. The role of social aggregations and protected areas in killer whale conservation: The mixed blessing of critical habitat. *Biological Conservation* 142: 709-719.

Wilson JC. 2003. Planning Policy Issues for Marine Ecotourism. *Aspects of Tourism*: 48-61.

Wirsing AJ, Heithaus MR, Frid A & Dill LM. 2008. Seascapes of fear: evaluating sublethal predator effects experienced and generated by marine mammals. *Marine Mammal Science* 24(1): 1-15.

World Conservation Union (IUCN). 2001. *IUCN Red List Categories.* IUCN: 1-3.

13.2 Internetquellen

Farrell P & Evershed N. 2014. Revealed: whale-watching boats the greatest collision threat to whales.<https://www.theguardian.com/news/datablog/2014/jun/27/-sp-whale-watching-boats-pose-greatest-threat-to-whales>(Zugriff: 13.03.2018).

Guardian Australia analysis of International Whaling Commission data shows motor yachts, naval vessels and ferries come close behind

Whales are more likely to to be hit by whale-watching boats than any other identified vessel type, data from the International Whaling Commission shows.

Whale collisions around the world have been collated by the commission in a database which runs from 1885 to 2010.

While the type of vessel is unknown in most incidents, where the boat type was identified the highest number of collisions came from whale-watching vessels. Motor yachts, naval vessels and ferries came close behind. This could be due to the reporting of incidents being skewed by certain vessel types being more likely to report a strike.

Whale watchers are the most likely overall to hit whales when counting all collisions, but when analysed by injury outcome, naval vessels were most likely to cause death, and whale-watching vessels were highest for injuries.

Type of vessels involved in whale collisions

This chart includes the number of reported whale collisions were the type of vessel was identified. There were 318 "unknown" vessels.

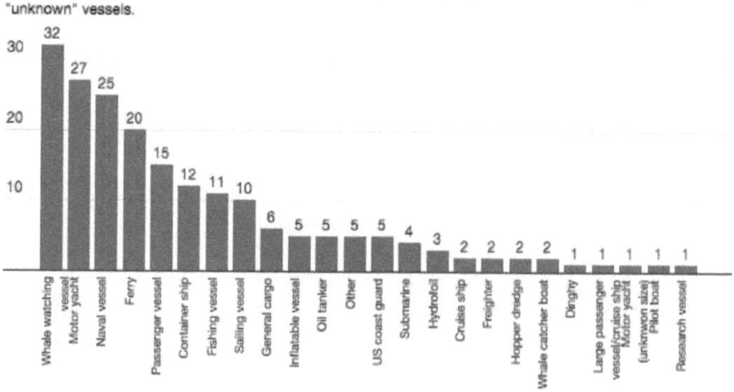

Created with Datawrapper

Source: International Whaling Commission. Get the data

INTERNATIONAL WHALING COMMISSION (IWC). 1996. Report of the scientific committee - whale-watching.<https://iwc.int/wwguidelines#manage>(Zugriff:11.03.2018).

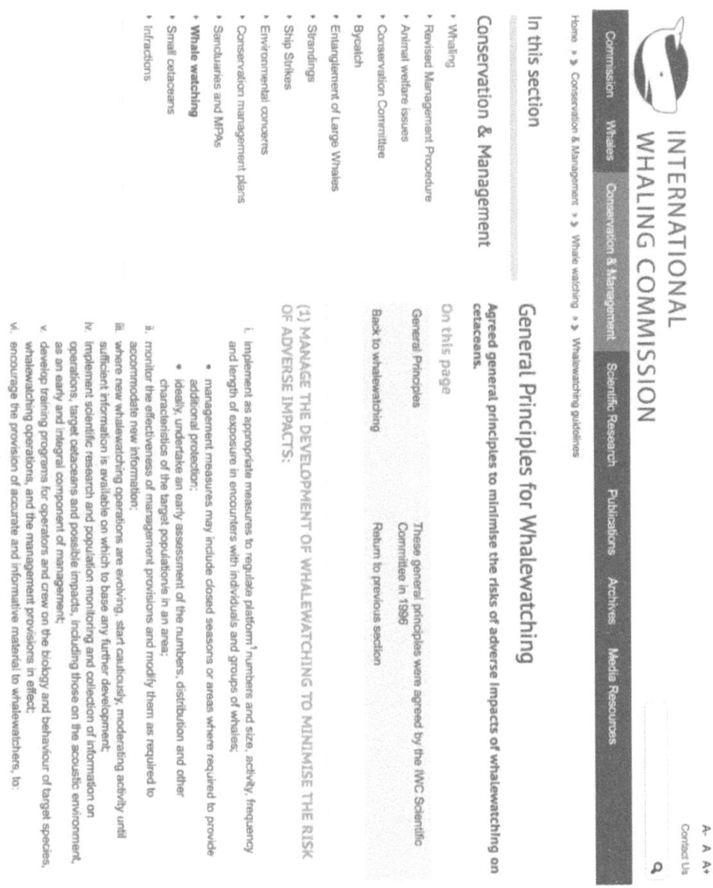

A- A A+

Contact Us

INTERNATIONAL
WHALING COMMISSION

Commission | Whales | Conservation & Management | Scientific Research | Publications | Archives | Media Resources

Home » Conservation & Management » Whale watching » Whalewatching guidelines

In this section

Conservation & Management

- Whaling
- Revised Management Procedure
- Animal welfare issues
- Conservation Committee
- Bycatch
- Entanglement of Large Whales
- Strandings
- Ship Strikes
- Environmental concerns
- Conservation management plans
- Sanctuaries and MPAs
- **Whale watching**
- Small cetaceans
- Infractions

General Principles for Whalewatching

Agreed general principles to minimise the risks of adverse impacts of whalewatching on cetaceans.

On this page

General Principles	These general principles were agreed by the IWC Scientific Committee in 1996
Back to whalewatching	Return to previous section

(1) MANAGE THE DEVELOPMENT OF WHALEWATCHING TO MINIMISE THE RISK OF ADVERSE IMPACTS:

i. implement as appropriate measures to regulate platform[1] numbers and size, activity, frequency and length of exposure in encounters with individuals and groups of whales;
   - management measures may include closed seasons or areas where required to provide additional protection;
   - ideally, undertake an early assessment of the numbers, distribution and other characteristics of the target population/s in an area;

ii. monitor the effectiveness of management provisions and modify them as required to accommodate new information;

iii. where new whalewatching operations are evolving, start cautiously, moderating activity until sufficient information is available on which to base any further development;

iv. implement scientific research and population monitoring and collection of information on operations, target cetaceans and possible impacts, including those on the acoustic environment, as an early and integral component of management;

v. develop training programs for operators and crew on the biology and behaviour of target species, whalewatching operations, and the management provisions in effect;

vi. encourage the provision of accurate and informative material to whalewatchers, to:
   - develop an informed and supportive public;
   - encourage development of realistic expectations of encounters and avoid disappointment and pressure for increasingly risky behaviour.

(2) DESIGN, MAINTAIN AND OPERATE PLATFORMS TO MINIMISE THE RISK OF ADVERSE EFFECTS ON CETACEANS, INCLUDING DISTURBANCE FROM NOISE:

i. vessels, engines and other equipment should be designed, maintained, and operated during whalewatching, to reduce as far as practicable adverse impacts on the target species and their environment;
ii. cetacean species may respond differently to low and high frequency sounds, relative sound intensity or rapid changes in sound;
    - vessel operators should be aware of the acoustic characteristics of the target species and of their vessel under operating conditions; particularly of the need to reduce as far as possible production of potentially disturbing sound;
iii. vessel design and operation should minimise the risk of injury to cetaceans should contact occur; for example, shrouding of propellers can reduce both noise and risk of injury;
iv. operators should be able to keep track of whales during an encounter.

Top ↑

(3) ALLOW THE CETACEANS TO CONTROL THE NATURE AND DURATION OF 'INTERACTIONS':

i. operators should have a sound understanding of the behaviour of the cetaceans and be aware of behavioural changes which may indicate disturbance;
ii. in approaching or accompanying cetaceans, maximum platform speed should be determined relative to that of the cetacean, and should not exceed it once on station;
iii. use appropriate angles and distances of approach; species may react differently, and most existing guidelines preclude head-on approaches;
iv. friendly whale behaviour should be welcomed, but not cultivated; do not instigate direct contact with a platform;
v. avoid sudden changes in speed, direction or noise;
vi. do no alter platform speed or direction to counteract avoidance behaviour by cetaceans;
vii. do not pursue[2], head off, or encircle cetaceans or cause groups to separate;
viii. approaches to mother/calf pairs and solitary calves and juveniles should be undertaken with special care;
    - there may be an increased risk of disturbance to these animals, or risk of injury if vessels are approached by calves;
ix. cetaceans should be able to detect a platform at all times;
    - while quiet operations are desirable, attempts to eliminate all noise may result in cetaceans being startled by a platform which has approached undetected;
    - rough seas may elevate background noise to levels at which vessels are less detectable.

[1] Any vessel (with or without engine), aircraft or person in the water.

[2] Chase (as opposed to follow), causing the whale to change its course or speed.

13.3 Abbildungsverzeichnis

13.4 Abkürzungsverzeichnis

CITES = The Convention on International Trade in Endangered Species of Wild Fauna and Flora

ESA = Endangered Species Act

IFAW = International Fund for Animal Welfare

IWC = International Whaling Commission

IUCN = International Union for the Conservation of Nature

MMPA = Marine Mammal Protection Act

MPA = Marine Protected Area

NOAA = National Oceanic and Atmospheric Administration